艾里光束的
传播特性研究

李贺贺　李新忠　著

化学工业出版社

·北京·

内容简介

艾里光束是一种无衍射光束，具有传统高斯光束所不具备的特征，如自弯曲和自愈特性，以及非对称的光场分布。本书采用波动光学方法和矩阵光学方法，系统地研究了艾里光束在各种光学介质中的传播特征，分析不同光学介质对艾里光束信号的调制效果。本书内容包括：傍轴光束和艾里光束的基本理论、艾里光束在单轴晶体中的传播特征、艾里光束在非均匀光学介质中的传播、艾里光束的自旋输运研究。本书对于进一步探究无衍射光束的应用与发展有一定的指导意义，可以为基于艾里光束的光场调控技术的研究提供参考。

本书可供从事光学信息调控技术的科研人员使用，也可供高等院校相关专业师生参考。

图书在版编目（CIP）数据

艾里光束的传播特性研究/李贺贺，李新忠著.
—北京：化学工业出版社，2022.11
ISBN 978-7-122-42426-6

Ⅰ．①艾…　Ⅱ．①李…②李…　Ⅲ．①光束传播法-研究　Ⅳ．①TN25

中国版本图书馆 CIP 数据核字（2022）第 200007 号

责任编辑：徐卿华　李军亮
责任校对：王鹏飞
装帧设计：李子姮

出版发行：化学工业出版社
　　　　　（北京市东城区青年湖南街 13 号
　　　　　邮政编码 100011）
印　　装：涿州市般润文化传播有限公司
880mm×1230mm　1/32　印张 5¾　字数 127 千字
2022 年 11 月北京第 1 版第 1 次印刷

购书咨询：010-64518888
售后服务：010-64518899
网　　址：http://www. cip. com. cn
凡购买本书，如有缺损质量问题，本社销售中心负责调换。

定　　价：58.00 元　　版权所有　违者必究

艾里光束是一种无衍射光束，具有自弯曲和自愈特性，艾里光束还具有非轴对称的光场分布，这些都是传统的高斯光束所不具备的奇异特征。艾里光束在非均匀光学介质中传播时，非均匀性将会导致自旋轨道耦合，同样也会出现自旋霍尔效应。本书主要研究艾里光束在各种光学介质中的传播特征，其研究内容对于进一步加深对无衍射光束的理解有一定的学术价值，可以为基于艾里光束的光场调控技术研究提供参考。

本书是笔者在长期对光电信息调控技术研究的基础上撰写而成。本书从基本的傍轴光学理论出发，系统介绍了艾里光束在自由空间以及各种光学介质中的传播行为，揭示了光场内禀结构对光束传播的影响。全书内容共分为 5 章。第 1 章介绍了傍轴光学基本理论以及几种基本的结构光场；第 2 章介绍了艾里光束的基本概念，包括艾里光束的无衍射、自弯曲（自加速）、自愈特征；第 3 章介绍了艾里光束在单轴晶体中的传播特征，分垂直于光轴和平行于光轴两种情况进行讨论；第 4 章介绍了艾里光束传播的研究方法，包括艾里光束在手性介质和非均匀介质中的传播；第 5 章介绍了艾里光束在非均匀光学介质中的自旋输运特征。

本书的出版得到国家自然科学基金项目（11974101）的资助及河南科技大学的大力支持，在此表示感谢!

　　限于笔者水平，书中内容有不妥之处在所难免，恳请读者给予批评指正。

著者

2022 年 10 月

目录

第1章 傍轴光束基本理论

第2章 艾里光束的基本描述

第3章 艾里光束在单轴晶体中的传播特征

第4章 艾里光束在非均匀光学介质中的传播

第5章 艾里光束的自旋输运研究

参考文献

第1章
傍轴光束基本理论

本章主要介绍傍轴光束的一些基本理论。首先，对傍轴近似进行了阐释；其次，从麦克斯韦方程组出发，结合物质方程式，得到傍轴波动方程；然后介绍真空中高斯光束的复振幅，同时根据高斯光束的物理描述，对它的一些特征进行了展现和描述；最后，对于几种类型的傍轴光束进行了介绍，主要包括无衍射傍轴光束、涡旋光束和矢量光束。

1.1 傍轴波动方程

1.1.1 傍轴近似

傍轴近似是常用的一种近似，假设传播方向与光束轴之间的夹角很小[1,2]。采用傍轴近似可以简化许多光学中的计算，即假设光（例如，一些激光光束）的传播方向与光束轴之间的夹角很小。

首先介绍外行波动的法向视传播模型[3]。如图 1-1 所示，设 y 轴是均匀无限介质中任意选定的一条人工边界，原点 O 为所要考虑的人工边界节点，入射波为来自 y 轴左侧、波速为 c，并与 x 轴成 α 角的单向平面波。x 轴通过边界节点 O 垂直于人工边界并指向无限外域（即 x 轴是人工边界过 O 点的法线），则入射平面波沿 x 轴的视传播可以一般地表示为：

$$u(t,x)=f(c_x t-x) \tag{1-1}$$

式中，$u(t,x)$ 表示坐标为 x 的点在 t 时刻的位移；f 为任意外行波动函数；c_x 为该外行波动的未知法向视波速，且 $c_x = c_s / \cos\alpha$。由于外行波是平面波，因此入射角 α 和法向视波速 c_x 沿整个 x 轴是不变的常量。式(1-1) 为外行波动的一般法向视传播模型。

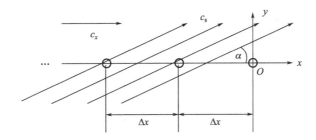

图 1-1　来自 y 轴左侧为 c_s 入射角为 α 的平面波

根据式(1-1)，当波动自变量保持为定值 D_1，亦对自变量 t 和 x，满足条件：

$$c_x t - x = D_1 \tag{1-2}$$

所以

$$u(t,x) = f(c_x t - x) = f(D_1) = D_2 \tag{1-3}$$

式(1-2) 和式(1-3) 中，D_1 和 D_2 均为常量。当式(1-2) 成立时，式(1-3) 的全微分为 $\mathrm{d}u$，则由 D_2 为常量可得

$$\mathrm{d}u = \frac{\partial u}{\partial x} \mathrm{d}x + \frac{\partial u}{\partial t} \mathrm{d}t = 0 \tag{1-4}$$

由式(1-2)，并考虑到 D_1 为常量可得

$$c_x \mathrm{d}t - \mathrm{d}x = 0 \tag{1-5}$$

联立式(1-4) 和式(1-5) 可得

$$\mathrm{d}u = \left(c_x \frac{\partial u}{\partial x} + \frac{\partial u}{\partial t} \right) \mathrm{d}t = 0 \tag{1-6}$$

设 t 为变量，可知 dt 必不为零，根据式(1-6)成立的条件可导出

$$c_x \frac{\partial u}{\partial x} + \frac{\partial u}{\partial t} = 0 \qquad (1-7)$$

对于满足式(1-1)和式(1-2)的外行波动，式(1-7)是一个精确的表达式。但由于 c_x 是未知的，在使用时通常不得不根据经验采用一个近似的估计值 c_a 来替代 c_x。c_a 被称为人工波速，用人工波速 c_a 取代式(1-7)中的 c_x 可得近似公式：

$$c_a \frac{\partial u}{\partial x} + \frac{\partial u}{\partial t} = 0 \qquad (1-8)$$

式(1-8)就是一阶傍轴近似的公式。

1.1.2　傍轴波动方程

麦克斯韦方程组（MEs）是研究光波问题的基本理论，也是分析光波导性质的基本场方程。对于一无限大光波导，令 $\boldsymbol{E}$、$\boldsymbol{H}$ 分别为电场强度矢量和磁场强度矢量，因此麦克斯韦方程组的微分形式如下：

$$\nabla \times \boldsymbol{E} + \frac{\partial \boldsymbol{B}}{\partial t} = 0 \qquad (1-9)$$

$$\nabla \times \boldsymbol{H} - \frac{\partial \boldsymbol{D}}{\partial t} = J \qquad (1-10)$$

$$\nabla \cdot \boldsymbol{D} = \rho \qquad (1-11)$$

$$\nabla \cdot \boldsymbol{B} = 0 \qquad (1-12)$$

式中，∇ 为梯度算符；$\boldsymbol{D}$、$\boldsymbol{B}$ 分别为电位移矢量和磁感应矢量；J 为传导电流密度，A/m^2；ρ 为自由电荷体密度，C/m^3。

这几个公式反映了电磁场的基本规律，即电磁波的

艾里光束的传播
特性研究

传输规律。其中，式(1-9)为法拉第定律的微分形式；式(1-10)为广义安培定律的微分形式；式(1-11)为库仑定律的微分形式；式(1-12)为无自由磁子存在的一种表征形式。

由于光波是一种在特定波长范围内的电磁波，因此空间界域中的光波传输规律也一定满足麦克斯韦方程组。研究表明：仅从麦克斯韦方程组尚不能够唯一地确定光波场矢量，还需要借助描述电磁场与介质相互作用关系的物质方程才能实现，其形式如下：

$$D = \varepsilon E = \varepsilon_0 E + P \tag{1-13}$$

$$B = \mu H = \mu_0 H + \mu_0 M \tag{1-14}$$

$$J = \sigma E \tag{1-15}$$

式中，ε_0、μ_0分别为真空中的介电常数和磁导率；ε、μ分别为光波导的介电常数和磁导率；σ为介质电导率；P、M分别为电极化矢量和磁极化矢量。式(1-13)和式(1-14)均为二阶张量。一般情况下，可认为ε、μ与场强无关，这时极化是线性的；但在场强足够强的情况下，ε、μ则与场强相关，这个现象被称为非线性极化。如果介质是各向同性的，ε和μ则由张量简化为标量。

当光场在介质中传输时，考虑到介质损耗等，光波的传输就会变得丰富多彩，其不仅有独立的传输，而且还存在诸如耦合、变频等多种形式。

光波耦合是指将光场耦合到光波导中，或者从光波导中将光场耦合出来。由麦克斯韦方程组和物质方程可以得到：

$$\nabla \times H = J + \frac{\partial}{\partial t}(\varepsilon_0 E + P) \tag{1-16}$$

$$\nabla \times \boldsymbol{E} = -\frac{\partial}{\partial t}(\mu_0 \boldsymbol{H}) \qquad (1\text{-}17)$$

若电极化矢量 $\boldsymbol{P}$ 除起因于光场对介质的线性极化作用外，还与其经物理效应引起的极化过程有关，则 $\boldsymbol{P}$ 可写成如下形式：

$$\boldsymbol{P} = \boldsymbol{P}_L + \boldsymbol{P}_{NL} = \varepsilon_0 \chi_L \boldsymbol{E} + \boldsymbol{P}_{NL} \qquad (1\text{-}18)$$

式中，$\boldsymbol{P}_L$ 为 $\boldsymbol{P}$ 的线性分量；$\boldsymbol{P}_{NL}$ 为 $\boldsymbol{P}$ 的非线性分量；χ_L 为线性极化率，$\chi_L = (\varepsilon - \varepsilon_0)/\varepsilon_0$。不考虑 χ_L 的张量性质，将式(1-17)代入式(1-16)得：

$$\nabla \times \boldsymbol{H} = J + \frac{\partial}{\partial t}(\varepsilon \boldsymbol{E}) + \frac{\partial \boldsymbol{P}_{NL}}{\partial t} \qquad (1\text{-}19)$$

对式(1-17)取旋度，并将其中的 $\nabla \times \boldsymbol{H}$ 用式(1-16)代替，进一步使用关系式 $\nabla \times (\nabla \times \boldsymbol{E}) = \nabla(\nabla \cdot \boldsymbol{E}) - \nabla^2 \boldsymbol{E}$ 和 $\nabla \cdot \boldsymbol{E} = 0$，则得

$$\nabla^2 \boldsymbol{E} = \mu_0 \sigma \frac{\partial \boldsymbol{E}}{\partial t} + \mu_0 \varepsilon \frac{\partial^2 \boldsymbol{E}}{\partial t^2} + \mu_0 \frac{\partial^2 \boldsymbol{P}_{NL}}{\partial t^2} \qquad (1\text{-}20)$$

式中，$J = \sigma \boldsymbol{E}$；$\sigma$ 为介质电导率。式(1-20)即为光波耦合方程。

光波耦合式(1-20)满足不同的条件，可以得到如下典型光波运动学方程，它们分别是光波无损运动学方程和光波有损运动学方程。

对于式(1-20)，当光波在无外界扰动且在波导中无损耗时，可得到理想化的光波传输方程为：

$$\nabla^2 \boldsymbol{E} - \mu \varepsilon \frac{\partial^2 \boldsymbol{E}}{\partial t^2} = 0 \qquad (1\text{-}21)$$

该式即为均匀、各向同性介质中的光波运动学方程。

对于式(1-20)，当光波在无外界扰动但在波导中有损耗时，光波的一般传输方程为：

艾里光束的传播
特性研究

$$\nabla^2 \boldsymbol{E} = \mu_0 \sigma \frac{\partial \boldsymbol{E}}{\partial t} + \mu_0 \varepsilon \frac{\partial^2 \boldsymbol{E}}{\partial t^2} \qquad (1\text{-}22)$$

该式即为均匀、各向同性但有损耗介质中的光波运动学
方程。

1.2 高斯光束

1.2.1 高斯光束复振幅

因为激光束是电磁波，它满足麦克斯韦方程，因此
高斯光束是由麦克斯韦方程组导出的亥姆霍兹方程的近
似。高斯光束是指在平面的任何一处，光斑的强度在焦
平面的分布都满足高斯分布，即[4]：

$$I = I_0 \exp\left(-\frac{2r^2}{w}\right) \qquad (1\text{-}23)$$

相比于其他的光学模型，高斯光束有一个重要的特征，
它有一个最小的光斑，这个光斑叫束腰。束腰主要有两
个参量：束腰的位置和束腰半径。束腰半径是高斯半径
的最小值，它的定义多种多样，通常我们将最小的束腰
半径记作 w_0，同时把其他的束腰半径记作 $w(z)$。因
此高斯分布可以被修改为如下：

$$I(r,z) = I_0 \left[\frac{w_0}{w(z)}\right]^2 \exp\left[-\frac{2r^2}{w^2(z)}\right] \qquad (1\text{-}24)$$

当高斯光束在自由空间中传播时它仍然会保持高
斯型，它的参数会发生一些变化。因此，当高斯光束
（其波长为 λ）沿着 z 轴传播时，高斯光束的复振幅

则为：

$$E(r,z) = E_0 \frac{w_0}{w(z)} \exp\left(-\frac{r^2}{w^2(z)}\right)$$

$$\exp\left[-\mathrm{i}\left(kz - \arctan\frac{z}{z_R} + \frac{kr^2}{2R(z)}\right)\right] \quad (1\text{-}25)$$

式中，E_0 为最大振幅，波数 $k = \dfrac{2\pi}{\lambda}$，$z_R$ 为瑞利长度，波前的曲率半径为 $R(z)$。这样我们就可以得到高斯光束的复振幅。

1.2.2　高斯光束的特征

根据高斯光束的复振幅，我们可以得到它的振幅分布。在 z 截面上，其振幅按照高斯函数规律变化，如图 1-2 所示。

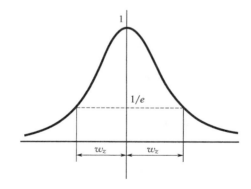

图 1-2　振幅分布特性

在光束的截面内，高斯光束的振幅会下降到其最大值的 $\dfrac{1}{e}$，$r = w(z)$ 定义为该处的光斑半径。

由 $w(z)$ 的定义可以得到：

艾里光束的传播
特性研究

$$\frac{w^2(z)}{w_0^2} - \frac{z^2}{z_0^2} = 1 \qquad (1\text{-}26)$$

即光束半径随传输距离的变化规律为双曲线（见图 1-3），在 $z=0$ 时有最小值 w_0，这个位置被称为高斯光束的束腰位置。

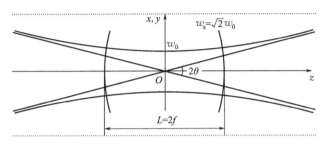

图 1-3 双曲线特性

当高斯光束从束腰传播到 $z=\pm z_0$ 处时，光束半径 $w(z)=\sqrt{2}\,w_0$，即光斑面积增大为最小值的 2 倍，这个范围称为瑞利范围，从束腰到该处的长度称为高斯光束的瑞利长度，通常会被记作 f。

从高斯光束的等相位面半径以及光束半径的分布规律可以知道，在瑞利长度之外，高斯光束迅速发散，定义当 $z\to\infty$ 时高斯光束振幅减小到最大值 $\frac{1}{e}$ 处，与 z 轴夹角为高斯光束的远场发散角（半角）：

$$\theta = \lim_{z\to\infty} \frac{w(z)}{z} = \sqrt{\frac{\lambda}{\pi z_0}} \qquad (1\text{-}27)$$

高斯光束在轴线附近可以看成一种非均匀高斯球面波，在传播过程中曲率中心不断改变，其振幅在横截面为高斯分布，强度集中在轴线及其附近，且等相位面保持球面。

从高斯光束解的相位部分可以得到传输过程中的总相移为：

$$\psi(x,y,z)=[k-\eta(z)]+\frac{kr^2}{2R(z)} \qquad (1\text{-}28)$$

将式(1-28)同标准球面波的总相移表达式比较：

$$\psi=kz+k\frac{x^2+y^2}{2R};z=R \qquad (1\text{-}29)$$

可以得出结论，在近轴条件下高斯光束的等相位面是以 $R(z)$ 为半径的球面，球面的球心位置随光束的传播不断发生变化，因此：

当 $z=0$ 时，$R(z)\to\infty$，此时的等相位面是平面；

当 $z\to\pm\infty$ 时，$R(z)\approx z\to\infty$，此时的等相位面是平面；

当 $z=\pm z_0$ 时，$R(z)=2z_0$，此时的等相位面半径最小。

1.3　傍轴光束类型

1.3.1　无衍射傍轴光束

1985 年，Ziolkowski 针对麦克斯韦方程组，导出了另一组新的解，并证明该组解对应的波可以以有限能量用天线发出，后来他在水中用声波演示了这种近似无衍射波的传播[5]。1987 年，Durnin 第一次理论预言并实验产生了一种无衍射光束，Bessel 光束，它是自由空间标量波动方程的一组特殊解，其场分布具有第一类贝

　艾里光束的传播
特性研究

塞尔函数 J_0 的形式[6,7]。这种光束随着传播距离的改变，其与传播方向垂直的横截面上的场不发生改变，并且它的中心光斑很小，只有波长量级。至此，"无衍射"光束的概念正式提出。之后，人们又发现了各种各样的无衍射光束[8-11]。

严格地说，Durnin 定义的"无衍射光束"，是一种"类光束"，其场分布在横平面上延伸到无穷[12]。我们从场的标量波动方程出发：

$$\left(\nabla^2 - \frac{1}{c^2} \times \frac{\partial^2}{\partial t^2}\right) E(r,t) = 0 \qquad (1-30)$$

很容易验证下式可能是场的一种解：

$$E(x,y,z,t) = \exp[i(\beta z - \omega t)] \cdot$$
$$\int_0^{2\pi} A(\varphi) \exp[i\alpha(x\cos\varphi + y\sin\varphi)]d\varphi$$

$$(1-31)$$

式中，$\beta^2 + \alpha^2 = (\omega/c)^2$，$A(\varphi)$ 是 φ 的任意复函数。如果 A 独立于 φ，从而提到积分号外，则式变为：

$$E(r,t) = \exp[i(\beta z - \omega t)]A$$
$$\int_0^{2\pi} \exp[i\alpha(x\cos\varphi + y\sin\varphi)]d\varphi$$
$$= 2\pi A J_0(\alpha\rho)\exp[i(\beta z - \omega t)] \qquad (1-32)$$

其中，$\rho = \sqrt{x^2 + y^2}$，J_0 为第一类零阶贝塞尔函数。很明显，式中振幅部分仅是 ρ 的函数，与传播方向坐标 z 无关。也就是说，在传播的过程中，场在横平面方向上分布保持不变，由于式(1-32)中包含有贝塞尔函数，所以称它为贝塞尔光束。

$$E(r,t) = \psi(\alpha\rho)\exp[i(\beta z - \omega t)] \qquad (1-33)$$

那么就可以认为，凡是符合式(1-33)的场，都可以看作是无衍射场，如果该场又具有类似于束状的结构，则构成"无衍射光束"。当式(1-32)中的 $\alpha=0$ 时，式(1-32)就是一个平面波的表达式。因此，平面波也可以当作是无衍射光束的一个特殊模式。

1.3.2 涡旋光束

19世纪30年代，George Biddell Airy首次在透镜焦平面处发现有反常光环，使得之后可以在光波能流这一角度发现涡旋[13]。1952年，Braunbek等人在对平面入射光和反射光进行干涉实验时，发现在干涉场中有涡旋现象[14]。1967年，Boivin，Dow，Wolf发现能量流在焦平面的某些点附近具有涡旋[15]。1974年，Nye和Berry在实验中观察到散射波列中包含位错，并从理论上解释了波前位错[16]。1979年，Vaughan和Willetts研究了拉盖尔-高斯光束的螺旋型相位，指出波前中心光强为零处存在相位奇点[17]。

1989年，Coullet等人在有较大Fresnel数的激光腔内发现了光学涡旋的存在，第一次使用了"光学涡旋"这一术语[18]。这也将对光学涡旋的研究推向了另一新阶段。

1992年，Swartzlander等人在进行自聚焦的非线性Kerr介质的相关研究时，首次观察到了光学涡旋孤子，并在理论和实验中证实了这一现象[19]。同年，Allen等人证明了具有相位因子 $\exp(im\theta)$ 的光束（即涡旋光束）有确定的轨道角动量 $m\hbar$，这也是涡旋光束轨道角动量在之后应用的理论依据。值得注意的是，上述研究是在近轴传播的条件下[20]。1994年，Barnett

和 Allen 等人证明了涡旋光束在非傍轴条件下，轨道角动量依然是 $m\hbar$[21]。从此以后，涡旋光束的研究应用迅速展开。

涡旋光束是具有螺旋相位因子 $\exp(im\theta)$ 的一类特殊光束，在柱坐标系下，沿 z 轴传播的涡旋光束的光场表达式可以写为：

$$E(\rho,\theta,z)=E_0(\rho,\theta,z)\exp(-\mathrm{i}kz)\exp(im\theta) \quad (1\text{-}34)$$

式中，$E_0(\rho,\theta,z)$ 描述光束振幅分布情况；$k=\dfrac{2\pi}{\lambda}$ 为波数，λ 为光束波长；m 为涡旋光束拓扑荷数；θ 为方位角。

光束的相位因子 $\exp(im\theta)$ 决定了涡旋光场的性质，该光束沿 z 轴方向传播，相位分布情况可以表示为：

$$\psi(\rho,\theta,z)=m\theta+kz \quad (1\text{-}35)$$

涡旋光束的螺旋相位波前正是由式(1-35) 决定的。

拓扑荷数 m 影响涡旋光束的波前相位分布情况，不同的拓扑荷数的相位分布以及光强分布如图 1-4 所示。

涡旋光的波前相位呈螺旋形，波前相位的旋转方向在拓扑荷数为正值和负值时是相反的。

涡旋光束的独特性质，使其在许多领域都具有很大的潜在应用价值。在光通信领域，使用涡旋光束会实现大容量的信息传输[22]。当涡旋光束作用于微粒时，光束携带的轨道角动量可以作用在微粒上，使微粒发生旋转或平移，这一特性可用于研制光镊和光学扳手[23,24]。同时，涡旋光束在光学加工、量子信息处理等领域也具有广阔的应用前景[25,26]。

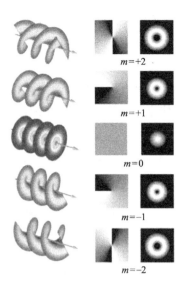

$m=+2$

$m=+1$

$m=0$

$m=-1$

$m=-2$

图 1-4　涡旋光束

1.3.3　矢量光束

矢量光场是指同一时刻同一波阵面上不同位置具有不同偏振态的光场，也称为偏振态非均匀分布的光场[27]。这一概念是相对于标量光场提出的，通常研究的诸如线偏振、圆偏振和椭圆偏振等光场都属于标量光场，这类光场有着空间均匀的偏振态分布，即波阵面上任意位置具有相同的偏振态[28]。但是对于矢量光场而言，其偏振态分布是空间变化的，这种独特性导致矢量光场出现许多新颖性质，在众多领域有着重要的学术价值和应用价值。

矢量光场最典型例子就是径向偏振光[29]和旋向偏振光[30]，它们的偏振态空间分布如图 1-5 所示，空间

艾里光束的传播
特性研究

各点的电矢量振动方向各不相同。对于径向偏振光，其波阵面上任意位置的电矢量振动都沿着矢径方向，而对于旋向偏振光，在同一时刻同一波阵面上各点的电矢量振动都沿着方位角方向（即垂直于矢径方向）。

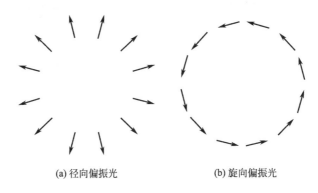

(a) 径向偏振光　　　　　(b) 旋向偏振光

图 1-5　矢量光束偏振态空间分布图

具有光场横截面偏振态分布的矢量光束可由琼斯矢量表示为：

$$E(r,\varphi)=A_0\begin{pmatrix}\cos(m\phi+\phi_0)\\ \sin(m\phi+\phi_0)\end{pmatrix} \qquad (1\text{-}36)$$

式中，A_0 描述光束的振幅分布，m 为偏振阶数，ϕ 为方向角，ϕ_0 为初始的偏振方向。图 1-6 给出了几种常见的矢量光束及其偏振态分布。偏振阶数为 1 的矢量光束也可以称为柱矢量光束。根据初始偏振指向（ϕ_0）的不同，一阶矢量光束可以被分为径向偏振光（$\phi_0=0$）和旋向偏振光（$\phi_0=\pi/2$）。这两种偏振光束是研究最早、应用最广泛的矢量光束。通常会将偏振阶数大于 1 的矢量光束称为高阶矢量光束。

矢量光场在近些年能够受到广泛关注，主要原因之一源于矢量光场新奇的聚焦场特性。特别地，径向偏振

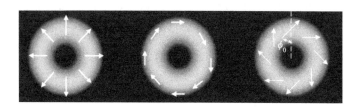

图 1-6　不同偏振态的矢量光束的强度分布

光场紧聚焦后可得到很强的纵向场分量，这种纵向场能够用来获得超衍射极限的聚焦光斑[31]；另一方面，旋向偏振光聚焦之后得到纯的中空横向光场[32]。矢量光场的这些特性可以进行焦场调控，在光场调控、粒子捕获等相关领域都有着重要应用[33,34]。

　艾里光束的传播
特性研究

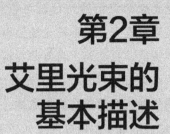

第2章
艾里光束的
基本描述

艾里光束是一种新型无衍射光束，比传统的高斯光束拥有更多的迷人特性[35,36]。一般光束在传输过程中会因为衍射现象的存在出现能量损失，而无法实现远距离传播，这在一些领域，如在通信[37-40]或军事方面的应用会带来不便。艾里光束的无衍射特征就可以很好地解决这些问题[41-45]。艾里光束具有非对称的光场分布，同时在传播过程中还具有自愈特征、自加速（自弯曲）特征，这些都是传统的高斯光束所不具备的[46-48]。艾里光束在非均匀光学介质中传播时，非均匀性将会导致自旋轨道耦合，同样也会出现自旋霍尔效应[49]。本章主要研究艾里光束在非均匀光学介质中的自旋输运特征。

2.1 艾里光束

2.1.1 艾里光束的复振幅

艾里函数是以英格兰天文学家、数学家乔治·比德尔·艾里命名的。1979 年艾里光束第一次在理论上被提出（由 Berry 和 Balazs 提出），量子力学框架下，在自由空间中描述微观粒子运动的薛定谔方程的一维形式是

$$i\frac{\partial \varphi}{\partial t}+\frac{\hbar}{2m}\times\frac{\partial^2 \varphi}{\partial s^2}=0 \qquad (2\text{-}1)$$

其中，φ 表示电场包络；m 表示粒子的质量；$\hbar$ 为普朗克常数；$s=x/x_0$ 表示无量纲的横坐标；x_0 为任意

的横向尺度；$\xi = z/kx_0^2$ 表示归一化后的纵向传播距离；$k = 2\pi n/\lambda_0$ 表示波数；n 为介质的折射率。通过公式推导得到一个特解：

$$\varphi = Ai(Bx/h^{2/3}) \qquad (2\text{-}2)$$

根据该公式分析发现，这些波和粒子呈现艾里函数空间分布特性，而且传播演化中具有无衍射和自加速的特性。

在光学领域中，一维傍轴波动方程可以表示为

$$i\frac{\partial \phi}{\partial \xi} + \frac{1}{2k} \times \frac{\partial^2 \phi}{\partial s^2} = 0 \qquad (2\text{-}3)$$

通过对比，可以发现光学傍轴波动方程与量子力学中的薛定谔方程具有一定的相似性，因此可以知道，也可以得到一个光学上的艾里函数解，如下所示：

$$\phi(\xi, s) = Ai\left[s - \left(\frac{\xi}{2}\right)^2\right] \exp\left[i\left(\frac{s\xi}{2}\right) - i\left(\frac{\xi^3}{12}\right)\right] \qquad (2\text{-}4)$$

光场的初始分布的形式为

$$\phi(\xi = 0, s) = Ai(s) \qquad (2\text{-}5)$$

从表达式中可看出，随着传输距离的增加，振幅分布为艾里函数形式的场，在传播过程中表现为无衍射，并且呈现出横向（与传播方向垂直的方向）自加速趋势，但因无衍射而整体光强轮廓无变化。图 2-1（a）所示描述的就是式(2-5)的情况。但是存在一个严重的问题，就是如果对其场能量进行空间积分，将会出现一个严重的问题，就是理论上，艾里波包具有无限能量，物理上无法实现。

2.1.2　艾里光束的场分布

为了解决这个问题，2007 年，Siviloglou 和 Christodoulides 在艾里函数基础上引入了一个指数型的衰减项：

$$\phi(\xi=0,s)=Ai(s)\exp(as) \tag{2-6}$$

其中，a 为衰减系数，并且要求 $0<a<1$。可以得到，其光场表达式为

$$\phi(s,\xi)=Ai\left[s-\left(\frac{\xi}{2}\right)^2+ia\xi\right]$$

$$\exp\left(as-\frac{a\xi^2}{2}-\frac{i\xi^3}{12}-\frac{ia^2\xi}{2}+\frac{i\xi s}{2}\right) \tag{2-7}$$

上式仍然满足傍轴波动方程。加上衰减项之后，在一定的传播距离之内，艾里光束仍然保持无衍射传播，如图 2-1(b) 所示。

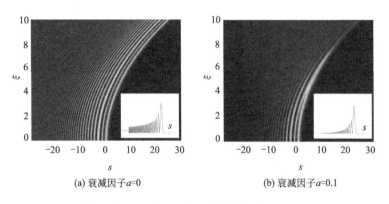

(a) 衰减因子 $a=0$ (b) 衰减因子 $a=0.1$

图 2-1　艾里光束一维传播示意图

在指数衰减因子 a 的作用下对无限能量的艾里光束有着明显的抑制作用，如图 2-2 所示。在仿真计算中，我们选取的指数衰减因子 $a=0.1$。可以看出，被"截趾"后的艾里光束的正向分支并不是无穷增长，而是在一定程度上能量受到了抑制。

可以利用光学全息的方法产生艾里光束[50]，通过对一束宽高斯光束施加一个经过调制的二维三次相位之

　艾里光束的传播
特性研究

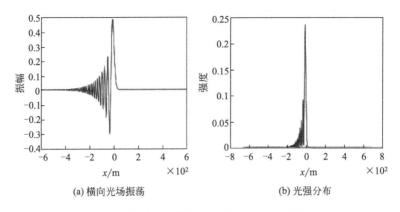

(a) 横向光场振荡

(b) 光强分布

图 2-2 艾里光束的横向光场振荡与光强分布

后进行傅里叶变换后生成。首先使用的一个针孔滤波器 PF 与透镜 L1 使从 632.8nm 的氦氖激光器输出光束变成一束平行线性偏振高斯光。由于所使用的氦氖激光器功率可能过大，可以先使用一个偏振片 P1 来减弱光强。而后经过分光镜 BS 分成两束光，一束光透射过去，另一束光反射至空间光调制器 SLM 上（空间光调制器上记录了经过调制的二维三次相位图，见图 2-3）反射至偏振片，经二次减弱光强。一个球面透镜 L2 焦

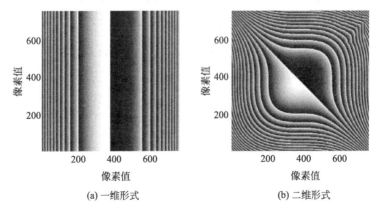

(a) 一维形式

(b) 二维形式

图 2-3 经过调制的用于生成艾里光束的相位图

距被放置在距离 SLM 相控阵距离 f 的地方，以生成有限能量的艾里光束。实验装置示意图如图 2-4 所示。

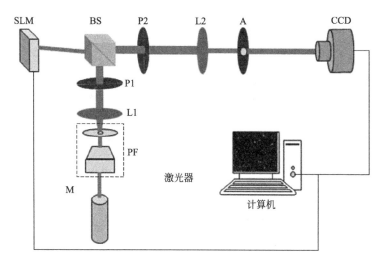

图 2-4　产生艾里光束的实验装置示意图

2.2　艾里光束的传播特征

这一节主要从艾里光束的无衍射、自加速和自愈三个方面来讨论艾里光束的传播特征。

2.2.1　无衍射特征

相对于传统光束而言，艾里光束具有明显的无衍射特征。如图 2-5 和图 2-6 所示，在相当长的一段传播距离内，艾里光束仍能保持其艾里分布特征，这种传播特征即为无衍射传播特征[51-53]。

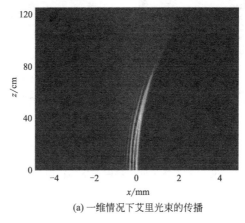

(a) 一维情况下艾里光束的传播

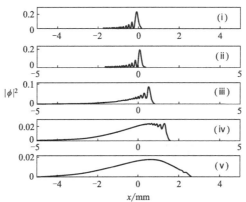

(b) 不同传播距离情况下的艾里光束横向光强分布
[(i)z=0, (ii)z=31.4cm, (iii)z=62.8cm, (iv)z=94.3cm, (v)z=125.7cm]

图 2-5　艾里光束的传播演化示意图

2.2.2　自加速特征

从艾里光束的表达式可以得到艾里光束的传播轨迹为

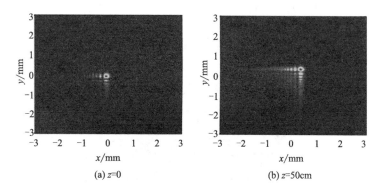

(a) z=0　　　　　　　　　　(b) z=50cm

图 2-6　艾里光束在不同传播距离下的横向光强分布

$$x_m = \frac{\lambda_0^2 \xi^2}{16\pi^2 x_0^2} \qquad (2\text{-}8)$$

由式（2-8）可以看出，其传播轨迹为抛物线形式。因此可以知道艾里光束在传播过程中，其传播轨迹为一条抛物线，并不是传统所认为的直线传播。艾里光束的这种独特的传播行为称为自加速（或自弯曲）[54]。

2.2.3　自愈特征

艾里光束具有奇特的自愈特性，比如当艾里光束的主瓣被遮挡时，经过一段时间的传播之后，其主瓣处的光场分布仍然能够得到恢复，如图 2-7 所示。观察到在图（a）输入 $z=0$、图（b） $z=11cm$、图（c） $z=30cm$ 时，相应的数值模拟如图（d）~（f）所示。这种特殊的自愈现象，完全可以利用对艾里光束的能流分析进行解释。如图 2-8 所示，尽管在传播过程中，艾里光束的主瓣被遮挡，但是能流会从侧瓣流向主瓣所在的位置，以便于自愈。换句话说，为了实现艾里光束的加速动力

　艾里光束的传播
特性研究

学，新形成的主瓣周围的内部能流密度会沿着 x-y 平面的 $45°$ 轴流动。

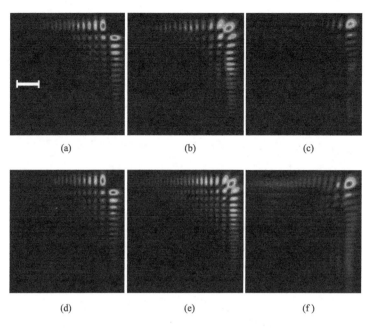

(a)   (b)   (c)

(d)   (e)   (f)

图 2-7　艾里光束的主瓣被阻挡时的自我修复

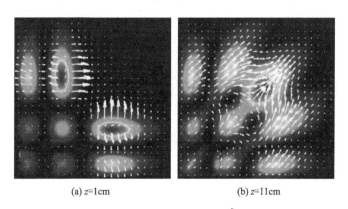

(a) z=1cm   (b) z=11cm

图 2-8　计算横向功率流 $\vec{S}_\perp$

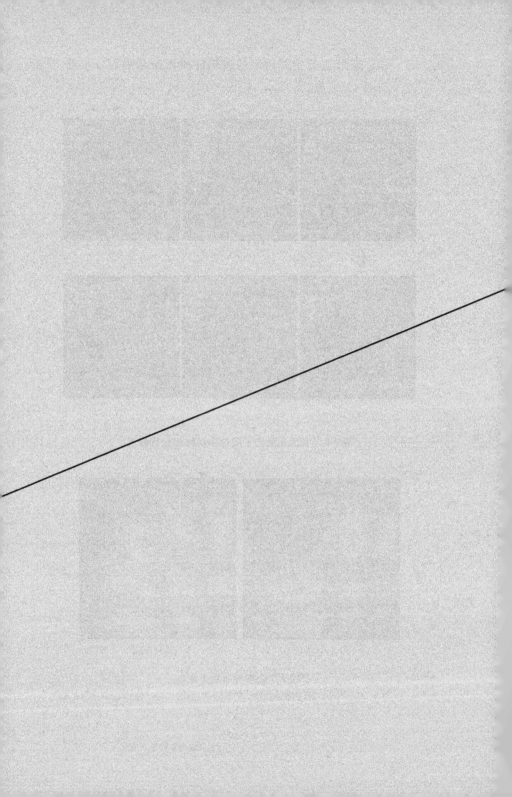

第3章
艾里光束在单轴晶体中的传播特征

本章主要介绍艾里光束在单轴晶体中的传播特征，主要分为两个部分来进行阐述：首先对垂直于单轴晶体光轴入射和沿光轴入射的基本理论进行讲解；其次对这两种传播方式的特征等进行表述。

3.1 光的单轴晶体中的传播理论

3.1.1 光垂直于光轴入射

各向异性晶体中传播的标准理论方法基于平面波模型，该模型能够描述多种情况。然而，当光束的横向尺寸太小以至于必须考虑衍射时，这种方法就会失去作用。当人们认为微米尺寸的光束在设备的小型化中越来越重要时，研究各向异性介质中衍射的重要性就变得显而易见了。

除了平面波模型之外，Stamnes 和 Sherman[55] 的方法也很出色，因为它处理了由有限源在无界和色散单轴晶体中辐射的非单色场的一般情况。Fleck 和 Feit 等人[56]提出了一种新方法，用于推导在单轴晶体中传播的光束的寻常分量和非常分量的傍轴方程。Ciattoni 等人[57]给出了另一种描述傍轴传播的方法，他们研究了光束沿单轴晶体光轴的传播。

这里介绍一种描述光束沿与单轴晶体光轴正交的方

艾里光束的传播
特性研究

向传播的傍轴和非傍轴方法。首先，我们推导出在晶体内部正向传播的一般单色场的麦克斯韦方程组的精确解，得到的表达式是平面波角谱表示，正如预期的那样，它是两个场（寻常场和非常场）的叠加，其角谱分别只包含寻常平面波和非常平面波。束腰远大于波长的要求使我们可以轻松地将一般场表达式简化为其傍轴表示。我们发现与光轴平行和正交的场的笛卡儿分量分别是特殊场和普通场，因此它们是解耦的；此外，我们发现它们的平面波载波是不同的。这些特性在物理上被解释为由单轴晶体中的平面波结构和傍轴性的综合效应产生的，因此，中心平面波在光束传播中起主导作用。

电场的两个笛卡儿横向分量的缓变振幅被证明满足两个抛物线方程，这两个方程是描述各向同性介质中傍轴传播的标准方程的各向异性的推广。通过对我们推导的傍轴表达式所显示的衍射特性进行分析，得出的结论：普通分量表现为在各向同性介质中传播的标准菲涅耳场，而特殊分量表现出我们详细研究的各向异性衍射。我们发现衍射扩展的物理特性在每个横向方向上都是不同的。结果是输入圆对称场在传播过程中失去了圆对称性。为了获得物理洞察力，我们给出了各向异性衍射的几何解释，表明传播过程可以分为三个步骤：两个空间亲和力，在边界 $z=0$ 和一般平面 $z=z_0$ 上拉伸场，以及从平面 $z=0$ 到平面 $z=z_0$ 的单一菲涅耳各向同性传播。作为对预测的检验，我们研究了一个特殊的高斯光束的情况，它通常允许进行完全分析处理。得到的晶体中电场的精确表达式使我们能够超越傍轴范围，得到一个非傍轴的研究方法。

处理束腰 w 与波长相当的光束时，很明显需要非傍轴方法来描述传播过程，因为在这种情况下，傍轴方法不够精确。我们考虑傍轴度 $f = \lambda(2\pi w)$（λ 为真空波长）小于 1 的轻微非傍轴光束，对于这些光束，电场可以表示为主要傍轴光束和非傍轴修正项的总和。非傍轴修正的重要性在于，对于轻微的非傍轴光束，非傍轴修正同时包含光束的所有非傍轴特征，并且可以很容易地根据傍轴光束的知识进行评估。我们推导了第一个非傍轴修正，结果表明与傍轴情况不同，非傍轴性通常耦合光束的笛卡儿分量。我们发现，非傍轴修正的纵向 z 分量在 f 中为一阶，而 y 分量（与光轴正交的横向场）在 f 中为二阶，因此证明了前者通常比后者更重要。作为一个例子，我们推导了傍轴区高斯光束非傍轴修正的解析表达式。

线性介质中单色光（频率为 ω）的传播完全由方程描述

$$\nabla^2 \boldsymbol{E} - \nabla(\nabla \cdot \boldsymbol{E}) + k_0^2 \varepsilon \boldsymbol{E} = 0 \qquad (3\text{-}1)$$

相当于麦克斯韦方程组，这里 $k_0 = \omega/c$，ε 是频率 ω 的相对介电张量。而 $\boldsymbol{E}(\boldsymbol{r})$ 是由关系 $\boldsymbol{E}(\boldsymbol{r},t) = \mathrm{Re}[\boldsymbol{E}(\boldsymbol{r})\exp(-\mathrm{i}\omega t)]$ 定义的电场 $\boldsymbol{E}(\boldsymbol{r},t)$ 的复振幅。我们想研究光束在单轴晶体中传播的情况，该晶体的光轴与光束的平均传播方向正交。如果光束沿 z 轴传播，则光轴必须属于 xy 平面，因此我们将其平行于 x 轴放置（见图 3-1）。

在这个参考系中，相对介电张量为

艾里光束的传播
特性研究

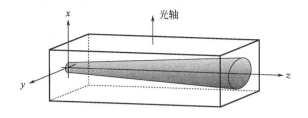

图 3-1 光束沿 z 轴传播，而晶体的光轴与 x 轴重合

$$\varepsilon = \begin{bmatrix} n_e^2 & 0 & 0 \\ 0 & n_o^2 & 0 \\ 0 & 0 & n_o^2 \end{bmatrix} \quad (3\text{-}2)$$

n_o 和 n_e 分别是普通折射率和非常折射率。我们分析的第一步包括获得方程（3-1）的精确解，其中 ε 由方程（3-2）给出，假设晶体充满 $z>0$ 整个半空间。为了实现这一点，我们将场表示为：

$$E(r_\perp, z) = \int d^2 k_\perp \exp(i k_\perp \cdot r_\perp) \widetilde{E}(k_\perp, z) \quad (3\text{-}3)$$

其中，$k_\perp = k_x \hat{e}_x + k_y \hat{e}_y$，$r_\perp = x\hat{e}_x + y\hat{e}_y$。这是一个标准的二维傅里叶积分，定义了场 $\widetilde{E}$，它在这里特别适用，原因有二。首先，我们要获得的场必须描述沿 z 轴传播的光束，即在空间上位于与其平均方向正交的任何平面上的实体；式(3-3)自动考虑了这一要求，因为傅里叶积分具有在无穷远处消失的显著特性（至少对于平方可积函数）。其次，我们感兴趣的是从解中提取其傍轴极限，这相当于仅在横向频谱中保留低空间频率（即 $|k_\perp| \ll k_0$）。该操作可通过式(3-3)轻松执行。将式(3-3)代入式(3-1)，得到电场：

$$E(\boldsymbol{r}_\perp, z) = \int d^2 \boldsymbol{k}_\perp \exp(i\boldsymbol{k}_\perp \cdot \boldsymbol{r}_\perp) \exp(ik_{ez}z)$$

$$\times \begin{pmatrix} \widetilde{E}_x(\boldsymbol{k}_\perp) \\ -\dfrac{k_x k_y}{k_0^2 n_o^2 - k_x^2}\widetilde{E}_x(\boldsymbol{k}_\perp) \\ -\dfrac{k_{ez} k_x}{k_0^2 n_o^2 - k_x^2}\widetilde{E}_x(\boldsymbol{k}_\perp) \end{pmatrix}$$

$$+ \int d^2 \boldsymbol{k}_\perp \exp(i\boldsymbol{k}_\perp \cdot \boldsymbol{r}_\perp) \exp(ik_{oz}z)$$

$$\times \begin{pmatrix} 0 \\ \left[\dfrac{k_x k_y}{k_0^2 n_o^2 - k_x^2}\widetilde{E}_x(\boldsymbol{k}_\perp) + \widetilde{E}_y(\boldsymbol{k}_\perp)\right] \\ -\dfrac{k_y}{k_{oz}}\left[\dfrac{k_x k_y}{k_0^2 n_o^2 - k_x^2}\widetilde{E}_x(\boldsymbol{k}_\perp) + \widetilde{E}_y(\boldsymbol{k}_\perp)\right] \end{pmatrix}$$

$$\tag{3-4}$$

其中

$$\widetilde{E}_\perp(\boldsymbol{k}_\perp) = \frac{1}{(2\pi)^2}\int d^2 \boldsymbol{r}_\perp \exp(-i\boldsymbol{k}_\perp \cdot \boldsymbol{r}_\perp)E_\perp(\boldsymbol{r}_\perp, 0) \tag{3-5}$$

是 $z=0$ 平面上电场横向分量的二维傅里叶变换。

$$k_{oz}(\boldsymbol{k}_\perp) = (k_0^2 n_o^2 - k_\perp^2)^{1/2}$$
$$k_{ez}(\boldsymbol{k}_\perp) = [k_0^2 n_e^2 - (n_e^2/n_o^2)k_x^2 - k_y^2]^{1/2} \tag{3-6}$$

式(3-4)包含晶体内部电场所需的精确表达式。注意，其原则上解决了边值问题，因为一旦在平面 $z=0$ 上已知电场的横向部分，则方程(3-5)给出了场 $\widetilde{E}_\perp(\boldsymbol{k}_\perp)$，因此方程(3-4)可以描述在晶体内部的各处电场。

式(3-4)值得讨论。首先，它表明电场可以很方便地解释为平面波的线性叠加，因此式(3-4)可以被视为晶体中电场的角谱表示。注意，当这两个因子 $\exp(ik_{ez}z)$ 和 $\exp(ik_{oz}z)$ 与 $\exp(-i\boldsymbol{k}_{\perp} \cdot \boldsymbol{r}_{\perp})$ 组合时，描述了两种平面波，它们很容易被识别为标准传播方法中的特殊平面波和普通平面波[58,59]。这允许我们将式(3-4)的第一和第二个积分分别定义为场的非常分量和寻常分量。第二，各向异性的影响在公式(3-4)中特别明显，因为普通和特殊平面波的共存产生了与标准各向同性对应项强烈不同的衍射行为。此外，电场的 y 和 z 分量受 x 分量的影响，因为它们依赖于 $\widetilde{\boldsymbol{E}}_x$，这对应于在传播过程中发生的辐射偏振态的变化，这是一种典型的各向异性效应，这里充分考虑到了这一点。最后，注意将 $n_o=n_e=n$ 代入到公式(3-4) 中，我们得到了参考文献 [60] 中导出的各向同性介质（折射率为 n）中电场传播的表达式。通过对精确的平面波角谱表示法在傍轴约束下进行了近似处理，可以获得沿光轴传播的光场的寻常分量和非寻常分量的傍轴表达式。首先，将边界场表示为寻常分量和非寻常分量的叠加；因为寻常平面波和非寻常平面波是麦克斯韦方程组的特征波，然后证明这两个分量独立传播；利用平面波传播过程的固有线性特性，最终获得寻常分量和非寻常分量叠加的传播场。

我们考虑一个均匀的非吸收单轴晶体，其介电张量为

$$\varepsilon = \begin{pmatrix} n_o^2 & 0 & 0 \\ 0 & n_o^2 & 0 \\ 0 & 0 & n_e^2 \end{pmatrix} \tag{3-7}$$

其中，n_o 表示寻常折射率；n_e 表示非常折射率。

在参考文献［57］中研究了傍轴光束沿光轴的传播特性，电场 $\boldsymbol{E}_\perp = E_x \hat{\boldsymbol{e}}_x + E_y \hat{\boldsymbol{e}}_y = \exp(\mathrm{i}k_0 n_0 z)\boldsymbol{A}_\perp$（$k_0 = \omega/c$ 表示真空中的波数）的横向分量的缓变振幅 $\boldsymbol{A}_\perp$ 是由 $\boldsymbol{A}_\perp = \boldsymbol{A}_{\perp\mathrm{o}} + \boldsymbol{A}_{\perp\mathrm{e}}$ 给出：

$$\boldsymbol{A}_{\perp\mathrm{o}}(\boldsymbol{r}_\perp, z) = \int \mathrm{d}^2\boldsymbol{k}_\perp\, \mathrm{e}^{\mathrm{i}\boldsymbol{k}_\perp \cdot \boldsymbol{r}_\perp}\, \mathrm{e}^{-(\mathrm{i}z/2k_0 n_0)k_\perp^2}$$

$$\times \frac{1}{k_\perp^2} \begin{pmatrix} k_y^2 & -k_x k_y \\ -k_x k_y & k_x^2 \end{pmatrix} \widetilde{\boldsymbol{A}}_\perp(\boldsymbol{k}_\perp)$$

$$\boldsymbol{A}_{\perp\mathrm{e}}(\boldsymbol{r}_\perp, z) = \int \mathrm{d}^2\boldsymbol{k}_\perp\, \mathrm{e}^{\mathrm{i}\boldsymbol{k}_\perp \cdot \boldsymbol{r}_\perp}\, \mathrm{e}^{-(\mathrm{i}n_0 z/2k_0 n_\mathrm{e}^2)k_\perp^2}$$

$$\times \frac{1}{k_\perp^2} \begin{pmatrix} k_x^2 & k_x k_y \\ k_x k_y & k_y^2 \end{pmatrix} \widetilde{\boldsymbol{A}}_\perp(\boldsymbol{k}_\perp) \qquad (3\text{-}8)$$

上式分别表示对电场的寻常贡献和非常贡献的缓变振幅。这里 $\boldsymbol{r}_\perp = x\hat{\boldsymbol{e}}_x + y\hat{\boldsymbol{e}}_y$，$\boldsymbol{k}_\perp = k_x\hat{\boldsymbol{e}}_x + k_y\hat{\boldsymbol{e}}_y$，而矢量角谱 $\widetilde{\boldsymbol{A}}$ 是横向场在 $z = 0$ 处的二维傅里叶变换。

$$\widetilde{\boldsymbol{A}}_\perp(\boldsymbol{k}_\perp) = \frac{1}{(2\pi)^2} \int \mathrm{d}^2\boldsymbol{r}_\perp\, \mathrm{e}^{-\mathrm{i}\boldsymbol{k}_\perp \cdot \boldsymbol{r}_\perp}\, \boldsymbol{E}_\perp(\boldsymbol{r}_\perp, 0) \qquad (3\text{-}9)$$

当我们知道 $z = 0$ 处的场后，可以利用方程（3-8）和方程（3-9）对晶体内的场进行评估。为了获得不是基于寻常非常分解而是基于整体的场的传播情况，我们将注意力集中在整个场 $\boldsymbol{A}_\perp$ 上，首先从方程（3-8）注意到

$$\mathrm{i}\frac{\partial \boldsymbol{A}_\perp}{\partial z} + \frac{1}{2k_0 n_0}\nabla_\perp^2 \boldsymbol{A}_\perp = \frac{\Delta}{2k_0 n_0}\int \mathrm{d}^2\boldsymbol{k}_\perp\, \mathrm{e}^{\mathrm{i}\boldsymbol{k}_\perp \cdot \boldsymbol{r}_\perp}\, \mathrm{e}^{-(\mathrm{i}n_0 z/2k_0 n_\mathrm{e}^2)k_\perp^2}$$

$$\times \begin{pmatrix} k_x^2 & k_x k_y \\ k_x k_y & k_y^2 \end{pmatrix} \widetilde{\boldsymbol{A}}_\perp(\boldsymbol{k}_\perp)$$

$$(3\text{-}10)$$

艾里光束的传播
特性研究

其中 $\nabla_\perp^2 = \partial_x^2 + \partial_y^2$，$\Delta = n_o^2/n_e^2 - 1$ 是与介质的各向异性程度相关的参数。然而，要证明这一点相当简单。

$$\hat{\boldsymbol{T}} \cdot \boldsymbol{A}_\perp \equiv \begin{pmatrix} \partial_x^2 & \partial_{xy}^2 \\ \partial_{xy}^2 & \partial_y^2 \end{pmatrix} \boldsymbol{A}_\perp$$

$$= -\int \mathrm{d}^2 \boldsymbol{k}_\perp\, \mathrm{e}^{\mathrm{i}\boldsymbol{k}_\perp \cdot \boldsymbol{r}_\perp}\, \mathrm{e}^{-(\mathrm{i}n_o z/2k_0 n_e^2)k_\perp^2}$$

$$\begin{pmatrix} k_x^2 & k_x k_y \\ k_x k_y & k_y^2 \end{pmatrix} \times \widetilde{\boldsymbol{A}}_\perp(\boldsymbol{k}_\perp) \tag{3-11}$$

结合公式(3-10)可以得到：

$$\mathrm{i}\frac{\partial \boldsymbol{A}_\perp}{\partial z} + \frac{1}{2k_0 n_o}\nabla_\perp^2 \boldsymbol{A}_\perp = -\frac{\Delta}{2k_0 n_o}\hat{\boldsymbol{T}} \cdot \boldsymbol{A}_\perp \tag{3-12}$$

方程（3-12）提供了另一种描述在单轴晶体中傍轴传输的方法，这与方程（3-8）的显式表达式提供的方法等价。实际上，可以证明方程（3-8）中的场 $\boldsymbol{A}_\perp{}_o +$ $\boldsymbol{A}_\perp{}_e$ 是方程（3-12）满足边界条件 $\boldsymbol{E}_\perp(\boldsymbol{r}_\perp, 0)$ 的唯一解。方程（3-12）可以看作是描述均质各向同性介质中傍轴传播的抛物线方程的各向异性对应项，它在各向同性中减小到极限（即 $n_o = n_e = n$ 或者 $\Delta = 0$）。

方程（3-12）的结构提出了一种计算光沿各向异性介质传播的不同方法。该方法的关键是各向异性的整体影响嵌入在方程（3-12）的右侧，而方程左侧与折射率为 n_o 的各向同性介质的傍轴方程相同。这意味着一定有一种方法可以将各向同性衍射项和各向异性影响项区分开来。更形象地说，这使我们能够将在晶体中传播的场视为在各向同性介质中传播的场，只是这些介质被各向异性扭曲了。

将方程（3-12）分解为两个笛卡儿分量，得到

$$\mathrm{i}\frac{\partial A_x}{\partial z}+\frac{1}{2k_0 n_o}\left(\frac{n_o^2}{n_e^2}\times\frac{\partial^2}{\partial x^2}+\frac{\partial^2}{\partial y^2}\right)A_x=-\frac{\Delta}{2k_0 n_o}\times\frac{\partial^2 A_y}{\partial x\partial y}$$

$$\mathrm{i}\frac{\partial A_y}{\partial z}+\frac{1}{2k_0 n_o}\left(\frac{\partial^2}{\partial x^2}+\frac{n_o^2}{n_e^2}\times\frac{\partial^2}{\partial y^2}\right)A_y=-\frac{\Delta}{2k_0 n_o}\times\frac{\partial^2 A_x}{\partial x\partial y}$$

$$(3\text{-}13)$$

我们观察到，控制笛卡儿分量 A_x 和 A_y 演化的方程由于各向异性而耦合，Δ 扮演耦合常数的角色，这正如直观预期的那样。主要结果是光束的偏振状态在传播过程中通常会发生变化，两个分量之间会发生能量交换[61]。从物理角度来看，可以通过寻常场和非常场表现出不同的衍射行为来理解这种耦合，因为方程（3-8）的指数中的二次项 $k_\perp^2$ 相乘的系数不同，并且 Δ 与它们的差异成一定比例，因此两个场相互滑动，防止 $z=0$ 处的偏振态被重建为 $z>0$ 处的偏振态，因为寻常和非常的偏振模式通常是不平凡的 ［见方程（3-8）］。这种偏振动力学可以看成是两个分量之间的耦合，而且它的强度与各向异性参数 Δ 成正比也很直观。公式(3-4) 描述的场是晶体中最普遍的正向传播场，这证明了其形式的复杂性。我们现在想把这个传播场转化为一个非常窄的光束的更有趣和方便的情况，以便进行傍轴近似。为此，我们将注意力集中到横向宽度 w，横向宽度在 $z=0$ 平面上远大于真空波长，因此满足关系式 $k_0 w\gg1$。从公式(3-4)（在 $z=0$ 处计算）和傅里叶积分的性质中，我们得到了一个众所周知的事实，即傍轴场的光谱 $\widetilde{E}_x(\boldsymbol{k}_\perp)$ 和 $\widetilde{E}_y(\boldsymbol{k}_\perp)$ 实际上仅在直径远小于 k_0 的平面的一个小区域内是非各向异性的。这意味着式(3-4)被

艾里光束的传播
特性研究

积函数中的每一项都可以在小参数 k_x/k_0 和 k_y/k_0 中展开；按照通常的步骤，我们将相位和振幅分别扩展到二阶和零阶，从而得到：

$$E_x(\boldsymbol{r}_\perp, z) = \exp(ik_0 n_e z) \int d^2 \boldsymbol{k}_\perp \exp(i\boldsymbol{k}_\perp \cdot \boldsymbol{r}_\perp)$$

$$\times \exp\left(-i\frac{n_e^2 k_x^2 + n_o^2 k_y^2}{2k_0 n_e n_o^2} z\right) \widetilde{E}_x(\boldsymbol{k}_\perp)$$

$$\equiv \exp(ik_0 n_e z) A_x(\boldsymbol{r}_\perp, z)$$

$$E_y(\boldsymbol{r}_\perp, z) = \exp(ik_0 n_o z) \int d^2 \boldsymbol{k}_\perp \exp(i\boldsymbol{k}_\perp \cdot \boldsymbol{r}_\perp)$$

$$\times \exp\left(-i\frac{k_x^2 + k_y^2}{2k_0 n_o} z\right) \widetilde{E}_y(\boldsymbol{k}_\perp)$$

$$\equiv \exp(ik_0 n_o z) A_y(\boldsymbol{r}_\perp, z) \tag{3-14}$$

其中定义了缓慢变化的振幅 A_x 和 A_y。注意，我们没有提及纵向分量 E_z，因为它在 $\boldsymbol{k}_\perp/k_0$ 中是一阶的，因此与横向部分 $\boldsymbol{E}_\perp$ 相比可以忽略不计，这与傍轴光学的一个众所周知的特征相一致[62]。方程（3-14）包含了傍轴光束在晶体中传播的所需描述，它们代表了本节的主要结果。

光场的最明显特性由方程（3-14）描述。因为介质的各向异性，其 x 和 y 分量在传播方面表现出非常明显的行为。实际上，有两个不同的载流子，$\exp(ik_0 n_e z)$ 和 $\exp(ik_0 n_o z)$，并且 $\boldsymbol{k}_\perp$ 中的衍射相位二次项是不同的。此外，我们还得出（在所研究的傍轴区域内），x 分量仅是特殊平面波的叠加，而 y 分量仅包含普通平面波。为了从物理上理解这些特征，考虑特殊平面波和普通平面波的波矢分别属于异常椭球（笛卡儿半轴

$k_0 n_o$、$k_0 n_e$）和普通球体（或半径 $k_0 n_o$）。因此，沿 z 轴传播的普通和特殊平面波是我们正在研究的傍轴场的基本波，它们的波矢量的模分别为 $k_0 n_e$ 和 $k_0 n_o$，因此可以解释两种不同载流子的存在。此外，这两个平面波分别沿 x 轴和 y 轴偏振，因此证明了方程（3-14）中光束的 x 和 y 分量的特殊和普通特性。$\boldsymbol{k}_\perp$ 中相位二次项之间的差异很容易理解，可以回顾一下异常椭球和普通球体（在 k 空间中）在 z 轴附近具有不同的曲率。

方程（3-14）的另一个明显性质是传播光束的笛卡儿分量是不耦合的，而相同的分量在方程（3-4）的精确表达式中是耦合的。这是当前情况特有的相关特征，尤其是沿光轴[61,63,64]传播的光束未显示，例如，x 偏振边界场也会产生传播场的 y 分量。在单轴晶体中，沿任意方向传播的光束总是一个特殊分量和一个普通分量（严格解耦）的叠加，并且两者都对光束的每个横向分量有贡献；特殊部分和普通部分的衍射行为之间的差异导致了电场的横向分量之间的耦合。在本例中，方程（3-14）预测 x 和 y 分量分别与特殊部分和普通部分重合，以便特殊部分和普通部分的独立性成为横向分量的独立性。缓慢变化的振幅 A_x 和 A_y 很容易满足这两个方程：

$$
\begin{aligned}
&\left[\mathrm{i}\frac{\partial}{\partial z}+\frac{1}{2k_0 n_o}\left(\frac{\partial^2}{\partial x^2}+\frac{\partial^2}{\partial y^2}\right)\right]A_x=0\\
&\left[\mathrm{i}\frac{\partial}{\partial z}+\frac{1}{2k_0 n_e n_o^2}\left(n_e^2\frac{\partial^2}{\partial x^2}+n_o^2\frac{\partial^2}{\partial y^2}\right)\right]A_y=0
\end{aligned}
\tag{3-15}
$$

这是各向同性介质中控制傍轴传播的标准抛物方程的各

向异性对应项。正如预期的那样，式(3-15)是解耦的，应将其与描述沿光轴传播的参考文献［64］对比；后一个方程是耦合的。方程（3-14）中笛卡儿分量的表达式可以给出一个更紧凑的形式，不涉及傅里叶空间。为了实现这一目标，让我们将方程（3-5）代入到方程式(3-14)中，从而得到

$$A_x(\boldsymbol{r}_\perp, z) = \frac{k_0 n_0}{2\pi i z} \int \mathrm{d}^2 \boldsymbol{r}'_\perp \exp\left\{-\frac{k_0}{2izn_e}\left[n_0^2(x-x')^2\right.\right.$$
$$\left.\left. + n_e^2(y-y')^2\right]\right\} E_x(\boldsymbol{r}'_\perp, 0)$$

$$A_y(\boldsymbol{r}_\perp, z) = \frac{k_0 n_0}{2\pi i z} \int \mathrm{d}^2 \boldsymbol{r}'_\perp \exp\left\{-\frac{k_0 n_0}{2iz}\left[(x-x')^2\right.\right.$$
$$\left.\left. + (y-y')^2\right]\right\} E_y(\boldsymbol{r}'_\perp, 0) \tag{3-16}$$

这是将传播场直接连接到边界场的关系式。尽管等同于方程（3-14），但方程（3-16）在讨论这两个分量的衍射特性时更方便。得到的 y 分量表达式与菲涅耳表达式（描述各向同性介质中的傍轴传播）一致，因此其衍射行为是众所周知的，不需要进行特殊分析。更令人感兴趣的是 x 分量，因为它的传播内核显示了 x 和 y 坐标所起作用之间的内在不对称性；事实上，它取决于各向同性情况下的 $(x-x')^2$ 和 $(y-y')^2$，但它们前面的系数是不同的，分别与 n_0^2 和 n_e^2 成比例。这样做的主要结果是，x 分量经历了沿光轴（x 轴）以不同方式扩展其形状并与光轴（x 轴）正交的衍射。为了了解这种各向异性衍射的影响，假设边界场分解为 $E_x(\boldsymbol{r}_\perp, 0) = F(x)G(y)$，传播光束表达式为

$$A_x(\boldsymbol{r}_\perp, z) = \sqrt{\frac{k_0 n_o}{2\pi i z}} \int dx' \times \exp\left\{-\frac{k_0}{2iz n_e}[n_o^2(x-x')^2]\right\}$$

$$F(x') \times \sqrt{\frac{k_0 n_o}{2\pi i z}} \int dy' \times$$

$$\exp\left\{-\frac{k_0}{2iz n_e}[n_e^2(y-y')^2]\right\} G(y') \quad (3\text{-}17)$$

结果表明，它处处分解为两个场，显示出众所周知的一维菲涅耳衍射行为，但折射率不同，分别为 n_o^2/n_e 和 n_e。上述现象的一个相关简单结果是，由于 x 和 y 衍射长度不同，圆对称边界场在晶体内部失去了圆对称性。

特殊分量的各向异性衍射可以给出一个简单的几何解释，同时增加物理洞察力。考虑变量变化：

$$\xi = \frac{n_o}{\sqrt{n_e}}x, \xi' = \frac{n_o}{\sqrt{n_e}}x'$$

$$\eta = \sqrt{n_e}\, y, \eta' = \sqrt{n_e}\, y' \tag{3-18}$$

描述横向平面中的几何相似性，并在方程（3-16）的第一个积分内执行它，从而直接得到

$$A'_x(\varepsilon, \eta, z) = \frac{k_0}{2\pi i z} \int d\xi' d\eta' \times \exp\left\{-\frac{k_0}{2iz}[(\xi-\xi')^2 + \right.$$

$$(\eta-\eta')^2]\left.\right\} \times E'_x(\xi', \eta', 0) \tag{3-19}$$

其中

$$A'_x = (\xi, \eta, z) = A_x(\sqrt{n_e}/n_o \xi, \sqrt{n_e}\, \eta, z)$$

$$E'_x = (\xi', \eta', 0) = E_x(\sqrt{n_e}/n_o \xi', \sqrt{n_e}\, \eta', 0) \tag{3-20}$$

值得注意的是，式(3-19)描述了真空中的傍轴传播（与真空菲涅耳场一致），因此我们仅通过几何运算将各向异性衍射与相应的真空衍射联系起来。特殊分量的傍轴传播可以总结如下。边界场 $E_x(x,y,0)$ 通过方程（3-18）的亲和性拉伸进入 $E'_x(\xi,\eta,0)$；这种新的边界场作为标准真空场传播到 $A'_x(\xi,\eta,z)$；最后，$A'_x(\xi,\eta,z)$ 通过式(3-18)的逆亲和性拉伸生成 $A_x(\xi,\eta,z)$。这一描述的有趣之处在于，整个各向异性传播被分为两个几何操作和一个各向同性传播步骤。还要注意的是，由于几何操作很简单，各向同性传播通常比各向异性传播更方便，因此上述步骤也可以视为评估晶体中场的实用方法。

到目前为止，我们利用光束的傍轴性研究了垂直于光轴的光传播。然而，式(3-4)的一般结果允许我们越出傍轴区域，并给出一个描述轻微非傍轴光束的方法。众所周知，精确的电磁单色场可以表示为一个渐近级数，其展开参数是傍轴度 $f=1/(k_0 w)$（w 为光束腰宽）。此外，当光束有稍微非傍轴时（粗略地说，当 $f<0.5$ 时），该级数在评估场的实际应用中也很有用；特别是对于这种光束，场可以表示为傍轴场和非傍轴修正项之和。

图 3-2 展示了腰宽 $s_x=s_y=s$ 的圆柱对称输入场的归一化强度 $|A_x|^2/|E_0|^2$ 的水平图，并在晶体内部的三个平面上进行了评估。最明显的影响是由于各向异性衍射导致传播光束失去圆柱对称性。

为了获得方程（3-14）的非傍轴修正，我们再次考虑式(3-4)中的精确场，并截断 k_x/k_0 和 k_y/k_0 中的泰

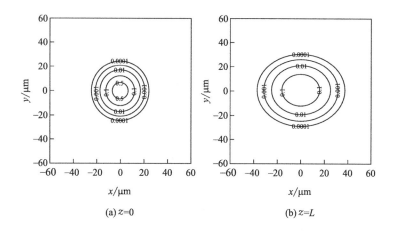

(a) z=0

(b) z=L

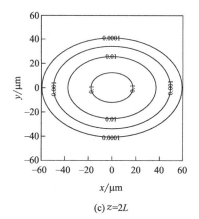

(c) z=2L

图 3-2 腰宽为 $8\mu m$（真空波长 $\lambda = 2\pi/k_0 = 0.5\mu m$）的特殊
高斯光束分别在 $z=0$、$z=L$、$z=2L$ 平面上参数为 $n_o=2$
和 $n_e=2.5$ 的晶体中传输的归一化强度 $|A_x|^2/|E_0|^2$ 的
水平图（此处 $L=1600\mu m$ 是平均衍射长度，注意，由于
各向异性衍射，边界圆对称场在传播
过程中变得越来越椭圆）

勒展开式，以使被积函数的相位和振幅达到二阶。经过一些代数变换，我们得到：

$$E(\boldsymbol{r}_\perp, z) = \exp(ik_0 n_e z)\int d^2\boldsymbol{k}_\perp \exp(i\boldsymbol{k}_\perp \cdot \boldsymbol{r}_\perp) \times$$

$$\exp\left(-i\frac{n_e^2 k_x^2 + n_o^2 k_y^2}{2k_0 n_e n_o^2}z\right) \times \begin{pmatrix} \widetilde{E}_x(\boldsymbol{k}_\perp) \\ -\dfrac{k_x k_y}{k_0^2 n_o^2}\widetilde{E}_x(\boldsymbol{k}_\perp) \\ -\dfrac{n_e k_x}{k_0 n_o^2}\widetilde{E}_x(\boldsymbol{k}_\perp) \end{pmatrix} +$$

$$\exp(ik_0 n_o z)\int d^2\boldsymbol{k}_\perp \exp(i\boldsymbol{k}_\perp \cdot \boldsymbol{r}_\perp) \times$$

$$\exp\left(-i\frac{k_x^2 + k_y^2}{2k_0 n_o}z\right) \times \begin{pmatrix} 0 \\ \dfrac{k_x k_y}{k_0^2 n_o^2}\widetilde{E}_x(\boldsymbol{k}_\perp) + \widetilde{E}_y(\boldsymbol{k}_\perp) \\ -\dfrac{k_y}{k_0 n_o}\widetilde{E}_y(\boldsymbol{k}_\perp) \end{pmatrix}$$

$$(3\text{-}21)$$

这里没有将相位展开到四阶，因为展开会对场产生非傍轴四阶修正，而对于我们正在研究的轻微非傍轴场，这些修正可以忽略不计。将式（3-21）代入到式（3-14）中，注意到第一个式可以重写为：

$$E(\boldsymbol{r}_\perp, z) = \exp(ik_0 n_e z)A_x(\boldsymbol{r}_\perp, z)\hat{\boldsymbol{e}}_x +$$

$$\exp(ik_0 n_o z)A_y(\boldsymbol{r}_\perp, z)\hat{\boldsymbol{e}}_y + E_{np}(\boldsymbol{r}_\perp, z)$$

$$(3\text{-}22)$$

其中

$$
\boldsymbol{E}_{\mathrm{np}}(\boldsymbol{r}_\perp, z) = \exp(\mathrm{i}k_0 n_{\mathrm{e}} z)\begin{pmatrix} 0 \\[2mm] \dfrac{1}{k_0^2 n_{\mathrm{o}}^2} \times \dfrac{\partial^2}{\partial x \partial y} A_x(\boldsymbol{r}_\perp, z) \\[3mm] \dfrac{\mathrm{i}n_{\mathrm{e}}}{k_0 n_{\mathrm{o}}^2} \times \dfrac{\partial}{\partial x} A_x(\boldsymbol{r}_\perp, z) \end{pmatrix} +
$$

$$
\exp(\mathrm{i}k_0 n_{\mathrm{o}} z)\begin{pmatrix} 0 \\[2mm] -\dfrac{1}{k_0^2 n_{\mathrm{o}}^2} \times \dfrac{\partial^2}{\partial x \partial y} F_x(\boldsymbol{r}_\perp, z) \\[3mm] \dfrac{\mathrm{i}}{k_0 n_{\mathrm{o}}} \times \dfrac{\partial}{\partial y} A_y(\boldsymbol{r}_\perp, z) \end{pmatrix}
$$

$$(3\text{-}23)$$

而且

$$
F_x(\boldsymbol{r}_\perp, z) = \int \mathrm{d}^2 \boldsymbol{k}_\perp \exp(\mathrm{i}\boldsymbol{k}_\perp \cdot \boldsymbol{r}_\perp)
$$

$$
\exp\left(-\mathrm{i}\,\frac{k_x^2 + k_y^2}{2k_0 n_{\mathrm{o}}} z\right) \widetilde{E}_x(\boldsymbol{k}_\perp) \quad (3\text{-}24)
$$

方程（3-22）表明，正如预期的那样，该场是傍轴场和非傍轴修正项 $\boldsymbol{E}_{\mathrm{np}}(\boldsymbol{r}_\perp, z)$ 的叠加，对表达式进行一些讨论。首先，应注意非傍轴性耦合了光束的笛卡儿分量，因为特殊场分量和普通场分量并不像傍轴区域那样分别沿 x 轴和 y 轴偏振。此外，还应注意非傍轴校正的 y 分量在傍轴度中为二阶，而 z 分量为一阶。这意味着，在轻微非傍轴区域，场的纵向分量比修正的 y 分量的更强。另外，从式（3-23）中，可以观察到 $\boldsymbol{E}_{\mathrm{np}}(\boldsymbol{r}_\perp, z)$ 由场 $A_x(\boldsymbol{r}_\perp, z)$ 和 $A_y(\boldsymbol{r}_\perp, z)$ （假设已知）以及 $F_x(\boldsymbol{r}_\perp, z)$ 的空间导数给出，这可以解释为边界分布为 $E_x(\boldsymbol{r}_\perp, 0)$ 的普通傍轴场，因此，非傍轴修正的计算非常简单。

式（3-24）中傍轴场的非傍轴修正可以通过式（3-23）

艾里光束的传播特性研究

轻松评估，从而得出：

$$E_{\mathrm{np}}(\boldsymbol{r}_\perp, z) = \exp(\mathrm{i}k_0 n_e z)$$

$$\times \begin{pmatrix} 0 \\ \dfrac{xy}{k_0 n_o^2 s_x^2 s_y^2} \times \dfrac{A_x(\boldsymbol{r}_\perp, z)}{\left(1 + \dfrac{\mathrm{i}z}{k_0 n_e s_y^2}\right)\left(1 + \dfrac{\mathrm{i}z}{k_0 n_e s_y^2}\right)} \\ -\dfrac{\mathrm{i}n_e x}{k_0 n_o^2} \times \dfrac{A_x(\boldsymbol{r}_\perp, z)}{\left(1 + \dfrac{\mathrm{i}n_e z}{k_0 n_o^2 s_x^2}\right)} \end{pmatrix}$$

$$-\exp(\mathrm{i}k_0 n_o z) \times \begin{pmatrix} 0 \\ \dfrac{xy}{k_0 n_o^2 s_x^2 s_y^2} \times \dfrac{F_x(\boldsymbol{r}_\perp, z)}{\left(1 + \dfrac{\mathrm{i}z}{k_0 n_o s_x^2}\right)\left(1 + \dfrac{\mathrm{i}z}{k_0 n_o s_y^2}\right)} \\ 0 \end{pmatrix}$$

$$(3\text{-}25)$$

其中

$$F_x(\boldsymbol{r}_\perp, z) = E_0 \dfrac{\exp\left[-\dfrac{x^2}{2s_x^2\left(1 + \dfrac{\mathrm{i}z}{k_0 n_o s_x^2}\right)} - \dfrac{y^2}{2s_y^2\left(1 + \dfrac{\mathrm{i}z}{k_0 n_o s_y^2}\right)}\right]}{\left[\left(1 + \dfrac{\mathrm{i}z}{k_0 n_o s_x^2}\right)\left(1 + \dfrac{\mathrm{i}z}{k_0 n_o s_y^2}\right)\right]^{1/2}}$$

$$(3\text{-}26)$$

在图 3-3 中，我们展示了所考虑的非傍轴高斯光束的三个笛卡儿分量的归一化模量［见式（3-22）］。我们选择光束的傍轴度为 $f = 0.47$。注意，即使小于主 x 分量，y 和 z 分量也不可忽略。此外，正如预期的那样，纵向 z 分量大于 y 分量。

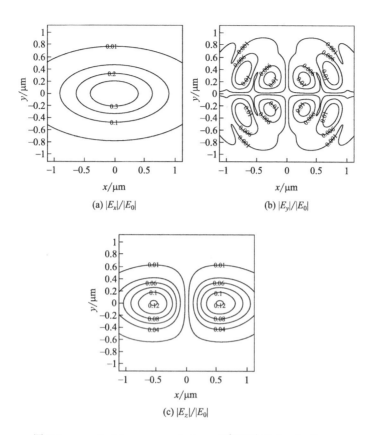

图 3-3 $s_x = 0.12\mu m$，$s_y = 0.2\mu m$（真空波长 $\lambda = 2\pi/k_0 = 0.5\mu m$）非傍轴高斯光束在 $n_o = 2$ 和 $n_e = 2.5$ 的晶体中传输的归一化模的水平图〔在 $z = 1.28\mu m$（约四个衍射长度）处对场进行评估，光束的傍轴度为 $f = 2/[k_0(s_x + s_y)] = 0.47$（轻微非傍轴光束）〕

3.1.2 光沿光轴入射

具有边界条件 $E_\perp(r_\perp, 0)$ 的方程（3-12）的形式解由下式给出：

艾里光束的传播特性研究

$$A_\perp(\boldsymbol{r}_\perp,z)=\mathrm{e}^{(iz\Delta/2k_0 n_0)\hat{\boldsymbol{T}}}\,\mathrm{e}^{(iz/2k_0 n_0)\nabla_\perp^2}\boldsymbol{E}_\perp(\boldsymbol{r}_\perp,0)\quad(3\text{-}27)$$

它可以直接验证。这里的指数是由算子函数的幂级数来定义的〔即 $\exp(\hat{\boldsymbol{O}})=\sum\limits_{n=0}^{\infty}\hat{\boldsymbol{O}}^n/n!$〕，应注意到算子 $\nabla_\perp^2$ 和 $\hat{\boldsymbol{T}}$ 可以转换（即 $\nabla_\perp^2\hat{\boldsymbol{T}}=\hat{\boldsymbol{T}}\nabla_\perp^2$），因此它们可以在正式的运算中被视为常数。方程（3-27）是描述晶体内部场的一种优雅方式，这种紧凑性的代价是需要处理运算符函数的形式。

所提出的方法最有趣的一点是，晶体中传播的傍轴场与在真空中传播的相应场密切相关。如前一部分所述，各向异性可以看作是对各向同性衍射的微扰，并且由于传播过程的线性，可以单独考虑其影响。为了将这种观察结果转换为数学表达式，我们引入了

$$\boldsymbol{A}_\perp^{(0)}(\boldsymbol{r}_\perp,z)=\mathrm{e}^{(iz/2k_0)\nabla_\perp^2}\boldsymbol{E}_\perp(\boldsymbol{r}_\perp,0)\quad(3\text{-}28)$$

与 $z=0$ 平面上的场 $\boldsymbol{E}_\perp(\boldsymbol{r}_\perp,0)$ 相重合，而且满足抛物线方程：

$$\mathrm{i}\frac{\partial\boldsymbol{A}_\perp^{(0)}}{\partial z}+\frac{1}{2k_0}\nabla_\perp^2\boldsymbol{A}_\perp^{(0)}=0\quad(3\text{-}29)$$

$\boldsymbol{A}_\perp^{(0)}$ 描述了在具有与 $\boldsymbol{A}_\perp$ 相同边界分布的在真空中传播的傍轴场。方程（3-27）可以重写为：

$$\boldsymbol{A}_\perp(\boldsymbol{r}_\perp,z)=\mathrm{e}^{(iz\Delta/2k_0 n_0)\hat{\boldsymbol{T}}}\boldsymbol{A}_\perp^{(0)}\left(\boldsymbol{r}_\perp,\frac{z}{n_0}\right)$$

$$\equiv\hat{\boldsymbol{D}}(z)\boldsymbol{A}_\perp^{(0)}\left(\boldsymbol{r}_\perp,\frac{z}{n_0}\right)\quad(3\text{-}30)$$

它建立了 $\boldsymbol{A}_\perp$ 和 $\boldsymbol{A}_\perp^{(0)}$ 所需的联系。方程（3-30）从概念和分析的角度来看都是非常有趣的。事实上，它允许我们将晶体中的场视为在各向异性算子 $\hat{\boldsymbol{D}}$ 的作用下在真空中传播的裸场。此外，方程（3-30）表明，在解决了

更简单的相关各向同性问题后，可以考虑各向异性的影响。

利用算子 $\widehat{T}$ 的性质，我们为方程（3-30）提供了一个不太规范的解；实际上，算子 $\widehat{D}$ 的效果可以计算出来，得到

$$A_\perp(\boldsymbol{r}_\perp,z)=\begin{pmatrix}\partial_y^2 & -\partial_{xy}^2 \\ -\partial_{xy}^2 & \partial_x^2\end{pmatrix}\boldsymbol{F}_\perp\left(\boldsymbol{r}_\perp,\frac{z}{n_o}\right)+$$

$$\begin{pmatrix}\partial_x^2 & \partial_{xy}^2 \\ \partial_{xy}^2 & \partial_y^2\end{pmatrix}\boldsymbol{F}_\perp\left(\boldsymbol{r}_\perp,\frac{n_o z}{n_e^2}\right) \quad (3\text{-}31)$$

引入了场

$$\boldsymbol{F}_\perp(\boldsymbol{r}_\perp,z)=\frac{1}{2\pi}\int \mathrm{d}^2\,\boldsymbol{r}'_\perp \ln|\boldsymbol{r}_\perp-\boldsymbol{r}'_\perp|\,\boldsymbol{A}_\perp^{(0)}(\boldsymbol{r}'_\perp,z) \quad (3\text{-}32)$$

方程（3-31）提供了评估各向异性介质内部场的另一种有利方法：如果真空场 $\boldsymbol{A}_\perp^{(0)}$ 已知，那么确定晶体中场的难度就会降低到对方程（3-32）中场 $\boldsymbol{F}_\perp$ 的评估，因为 $\boldsymbol{A}_\perp$ 通过简单的空间微分而得到。应注意到，方程（3-31）右侧的两项分别代表寻常分量和非常分量：它们都是由场 $\boldsymbol{F}_\perp$ 产生的，有相同的起源。

方程（3-30）也适用于微扰方案，以评估距 $z=0$ 平面一定距离处的场。通过使用指数的幂级数定义，由方程（3-30）可以得到：

$$A_\perp(\boldsymbol{r}_\perp,z)=\left[1+\frac{\mathrm{i}z\Delta}{2k_0 n_o}\widehat{T}\sum_{n=1}^\infty\frac{1}{n!}\left(\frac{\mathrm{i}z\Delta}{2k_0 n_o}\nabla_\perp^2\right)^{n-1}\right]\times$$

$$A_\perp^{(0)}\left(\boldsymbol{r}_\perp,\frac{z}{n_o}\right) \quad (3\text{-}33)$$

利用了关系 $\widehat{T}^n=\widehat{T}(\nabla_\perp^2)^{n-1}$。当 z 比较大时，方程右侧的级数高度振荡，但这不是一个严重的缺点，因为实

艾里光束的传播
特性研究

际的晶体一般都不是很长。此外，使用方程（3-33）有两个物理原因：第一，大部分晶体具有轻微的各向异性（n_o 和 n_e 的值非常接近），因此 Δ 总是小于 1（例如，对于方解石，$\Delta \approx 0.24$）；第二，真空场 $\boldsymbol{A}_\perp^{(0)}$ 作为傍轴场缓慢变化，也就是说 $|(\nabla_\perp^2)^{n+1}\boldsymbol{A}_\perp^{(0)}(\boldsymbol{r}_\perp,z)| \ll |(\nabla_\perp^2)^n\boldsymbol{A}_\perp^{(0)}(\boldsymbol{r}_\perp,z)|$。这允许我们将级数截断到一阶，即

$$\boldsymbol{A}_\perp(\boldsymbol{r}_\perp,z) = \left[1 + \frac{\mathrm{i}z\Delta}{2k_0 n_o}\hat{\boldsymbol{T}}\left(1 + \frac{\mathrm{i}z\Delta}{4k_0 n_o}\nabla_\perp^2\right)\right]\boldsymbol{A}_\perp^{(0)}\left(\boldsymbol{r}_\perp,\frac{z}{n_o}\right)$$

$$(3\text{-}34)$$

为了获得该关系成立的纵向距离 z，只需确保被忽略的二阶项远小于一阶项就足够了。由于 $\nabla_\perp^2 \boldsymbol{A}_\perp^{(0)} \sim k_0^2 f^2 \boldsymbol{A}_\perp^{(0)}$，其中 $f = \lambda/w$ 是真空场 $\boldsymbol{A}_\perp^{(0)}$ 的傍轴度（w 表示光束的腰宽，λ 表示真空中的波长），很容易证明方程（3-34）对 $z < z_M = 6n_o/(k_0 f^2 \Delta)$ 是有效的，对于傍轴光束，z 通常与晶体的实际尺寸相当。提出的微扰方案是非常方便的，因为仅通过空间微分就可以从真空场 $\boldsymbol{A}_\perp^{(0)}$ 获得所有所需的分量。

方程（3-27）的另一个显著特性是它体现了边界场 $\boldsymbol{E}_\perp(\boldsymbol{r}_\perp,0)$ 和传播场 $\boldsymbol{A}_\perp(\boldsymbol{r}_\perp,z)$ 之间的直接关系。这种理解传播的方式在光学中非常普遍，因为传播过程可以看作是一个线性系统，并且输出场是通过将输入场与传播因子进行卷积获得的。为了获得各向异性介质的传播因子，将方程（3-27）重写为

$$\boldsymbol{A}_\perp(\boldsymbol{r}_\perp,z) = \int \mathrm{d}^2\boldsymbol{r}'_\perp \big[\mathrm{e}^{(\mathrm{i}z\Delta/2k_0 n_o)\hat{\boldsymbol{T}}} \mathrm{e}^{(\mathrm{i}z/2k_0 n_o)\nabla_\perp^2}$$

$$\delta(\boldsymbol{r}_\perp - \boldsymbol{r}'_\perp) \big] \times \boldsymbol{E}_\perp(\boldsymbol{r}'_\perp,0)$$

$$\equiv \int d^2 \boldsymbol{r}'_\perp \boldsymbol{G}(\boldsymbol{r}_\perp - \boldsymbol{r}'_\perp)\boldsymbol{E}_\perp(\boldsymbol{r}'_\perp, 0) \quad (3\text{-}35)$$

其中利用了狄拉克 δ 函数 $\delta(\boldsymbol{r}_\perp - \boldsymbol{r}'_\perp)$ 的卷积性质。上述方程表明方程（3-27）中的各向异性指数算子是一个积分算子，其核 $\boldsymbol{G}(\boldsymbol{r}_\perp - \boldsymbol{r}'_\perp)$ 就是所需的各向异性传播因子。将著名的狄拉克 δ 函数积分表示插入到 $\boldsymbol{G}(\boldsymbol{r}_\perp - \boldsymbol{r}'_\perp)$ 的定义中，我们直接得到

$$\boldsymbol{G}(\boldsymbol{r}_\perp - \boldsymbol{r}'_\perp) = \frac{1}{(2\pi)^2}\int d^2 \boldsymbol{k}_\perp (\nabla_\perp^2)^{-1} \big[(\nabla_\perp^2 - \hat{\boldsymbol{T}}) $$
$$e^{(iz/2k_0 n_o)\nabla_\perp^2} + \hat{\boldsymbol{T}} e^{(in_o z/2k_0 n_e^2)\nabla_\perp^2}\big]$$
$$e^{i\boldsymbol{k}_\perp \cdot (\boldsymbol{r}_\perp - \boldsymbol{r}'_\perp)} \quad (3\text{-}36)$$

注意到，平面波 $\exp(i\boldsymbol{k}_\perp \cdot \boldsymbol{r}_\perp)$ 是 $\hat{\boldsymbol{T}}$ 和 $\nabla_\perp^2$ 的特征函数，因此方程（3-36）可以重写为

$$\boldsymbol{G}(\boldsymbol{r}_\perp - \boldsymbol{r}'_\perp) = \int \frac{d^2 \boldsymbol{k}_\perp}{(2\pi)^2} e^{i\boldsymbol{k}_\perp \cdot (\boldsymbol{r}_\perp - \boldsymbol{r}'_\perp) - (iz/2k_0 n_o)k_\perp^2}$$

$$\frac{1}{k_\perp^2} \times \begin{pmatrix} k_y^2 & -k_x k_y \\ -k_x k_y & k_x^2 \end{pmatrix}$$

$$+ \int \frac{d^2 \boldsymbol{k}_\perp}{(2\pi)^2} e^{i\boldsymbol{k}_\perp \cdot (\boldsymbol{r}_\perp - \boldsymbol{r}'_\perp) - (in_o z/2k_0 n_e^2)k_\perp^2}$$

$$\frac{1}{k_\perp^2} \times \begin{pmatrix} k_x^2 & k_x k_y \\ k_x k_y & k_y^2 \end{pmatrix}$$

$$= \boldsymbol{G}_o(\boldsymbol{r}_\perp - \boldsymbol{r}'_\perp) + \boldsymbol{G}_e(\boldsymbol{r}_\perp - \boldsymbol{r}'_\perp) \quad (3\text{-}37)$$

其中每个运算符都被替换为相应的特征值。方程（3-37）表明，各向异性传播子分别是寻常分量和非常分量 $\boldsymbol{G}_o$ 和 $\boldsymbol{G}_e$ 的总和，重述了众所周知的物理事实，即这两个场可以独立地传播［见方程（3-8）］，分析执行方程（3-37）中的积分可以得到：

艾里光束的传播
特性研究

$$G_o(R) = \frac{k_0 n_o}{4\pi iz} e^{-(k_0 n_o/2iz)R^2} \begin{bmatrix} 1 & 0 \\ 0 & 1 \end{bmatrix} -$$

$$\left[\frac{k_0 n_o}{4\pi iz} e^{-(k_0 n_o/2iz)R^2} - \frac{1 - e^{-(k_0 n_o/2iz)R^2}}{2\pi R^2} \right]$$

$$\frac{1}{R^2} \begin{bmatrix} X^2 - Y^2 & 2XY \\ 2XY & -X^2 + Y^2 \end{bmatrix}$$

$$G_e(R) = \frac{k_0 n_e^2}{4\pi i n_o z} e^{-(k_0 n_e^2/2in_o z)R^2} \begin{bmatrix} 1 & 0 \\ 0 & 1 \end{bmatrix} +$$

$$\left[\frac{k_0 n_e^2}{4\pi i n_o z} e^{-(k_0 n_e^2/2in_o z)R^2} - \frac{1 - e^{-(k_0 n_e^2/2in_o z)R^2}}{2\pi R^2} \right]$$

$$\frac{1}{R^2} \begin{bmatrix} X^2 - Y^2 & 2XY \\ 2XY & -X^2 + Y^2 \end{bmatrix} \tag{3-38}$$

简单起见，我们令 $R = X\hat{e}_x + Y\hat{e}_y = r_\perp - r'$。注意，在参考文献 [59] 中研究了利用传播因子对在单轴介质中场传播的描述，给出了精确的传播因子的积分表达式。值得注意的是，在傍轴近似中，传播因子以封闭形式表示。

传播子 G_o 和 G_e 都是各向同性的类菲涅耳项与各向异性项的和。注意，在各向同性极限 $n_o = n_e = n$ 下，各向异性项相互补偿，得到：

$$G(R) = G_o(R) + G_e(R) = \frac{k_0 n}{2\pi iz} e^{-(k_0 n/2iz)R^2} \tag{3-39}$$

正如所料，这与折射率为 n 的均匀各向同性介质的菲涅耳传播项相吻合。

让我们考虑一个傍轴光束的传播，其边界分布由下式给出：

$$E_\perp(r_\perp, 0) = E_0 e^{-(x^2/2s_x^2) - (y^2/2s_y^2)} \hat{e}_x \tag{3-40}$$

也就是说，该像散高斯光束，其特征在于两个方差 s_x^2 和 s_y^2、一个独特的腰部平面和一个沿 x 轴的线偏振。在这种情况下，方程（3-8）不会产生封闭型表达式；此外，角谱方法甚至不适合数值分析，因为所涉及的积分包含高度振荡的函数。为了预测传播的场，由于在真空中传播的场的相应表达式是已知的，我们采用方程（3-27）的数值评估和微扰方案［即方程（3-34）］。

为了对方程（3-27）进行数值计算，将场 $\boldsymbol{A}_\perp(\boldsymbol{r}_\perp, z)$ 表示为有限二维傅里叶级数：

$$\boldsymbol{A}_\perp(\boldsymbol{r}_\perp, z) = \sum_{n=-N}^{N} \sum_{m=-N}^{N} \boldsymbol{A}_\perp^{(n,m)}(z) \mathrm{e}^{\mathrm{i}(2\pi/L)(nx+my)} \quad (3\text{-}41)$$

其中，L 是评估场的平方域的大小。将方程（3-41）代入方程（3-27），得到傅里叶系数：

$$\boldsymbol{A}_\perp^{(n,m)}(z) = \frac{1}{n^2+m^2} \begin{bmatrix} m^2 & -nm \\ -nm & n^2 \end{bmatrix} \times$$

$$\mathrm{e}^{-[\mathrm{i}2\pi^2(n^2+m^2)z/k_0 n_\mathrm{o} L^2]} \boldsymbol{A}_\perp^{(n,m)}(0) +$$

$$\frac{1}{n^2+m^2} \begin{bmatrix} n^2 & nm \\ nm & m^2 \end{bmatrix} \times$$

$$\mathrm{e}^{-[\mathrm{i}2\pi^2 n_\mathrm{o}(n^2+m^2)z/k_0 n_\mathrm{e}^2 L^2]} \boldsymbol{A}_\perp^{(n,m)}(0) \quad (3\text{-}42)$$

在中间步骤中，我们用适当的特征值替换了每个运算符。矢量系数 $\boldsymbol{A}_\perp^{(n,m)}$ 由傅里叶公式给出：

$$\boldsymbol{A}_\perp^{(n,m)}(0) = \frac{1}{L^2} \int_{-L/2}^{L/2} \mathrm{d}x \int_{-L/2}^{L/2} \mathrm{d}y \boldsymbol{E}_\perp(x,y,0) \mathrm{e}^{-\mathrm{i}(2\pi/L)(nx+my)}$$

$$= \frac{2\pi s_x s_y E_0}{L^2} \mathrm{e}^{-(2\pi/L^2)(n^2 s_x^2 + m^2 s_y^2)} \hat{\boldsymbol{e}}_x \quad (3\text{-}43)$$

方程（3-40）已考虑在内，积分域已替换为整个 $x\text{-}y$ 平面。事实上，选择 L 是为了忽略每个 z 值的积分域边

艾里光束的传播
特性研究

界上的场。N 的选择更为关键，因为必须保证所有不可忽略的平面波都被考虑在内，简单地说，这可以通过选择 $N \gg L/(2\pi\sqrt{s_x^2+s_y^2})$ 来实现。方程（3-41）～（3-43）允许我们对场进行数值评估。

考虑具有如下参数的像散高斯光束：$\lambda = 0.514\mu m$，$s_x = 15\mu m$，$s_y = 6\mu m$，在方解石晶体（$n_o = 1.658$ 和 $n_e = 1.486$）中传播。对于每个纵向传播距离 z，选择不同的 L 和 N 参数，以便只考虑该场不消失的有效区域。图 3-4 中给出了边界平面 $z = 0$ 处 $|E_x|/|E_0|$ 的水平图，图 3-5 中分别给出了在 $z = 2000\mu m$、$z = 8000\mu m$、$z = 20000\mu m$ 的 $|E_x|/|E_0|$ 和 $|E_y|/|E_0|$ 的水平图。各向异性最重要的影响是光场 y 分量的增长，这是 A_x 和 A_y 之间耦合的直接结果。$|A_y|$ 轮廓中的 4 个叶通过方程（3-13）很容易理解。事实上，对于短传播距离，电场基本上沿 x 方向偏振，因此，可以去掉方程（3-13）中的第一个方程的右侧，同时忽略第二个方程中包含 $\partial_x^2 A_y$ 和 $\partial_y^2 A_y$ 的项。因此，A_y 对 A_x 的

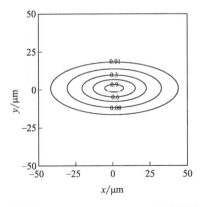

图 3-4　参数为 $s_x = 15\mu m$、$s_y = 6\mu m$ 的像散高斯光束 $|E_x|/|E_0|$ 在 $z = 0$ 平面上的归一化模量的水平图

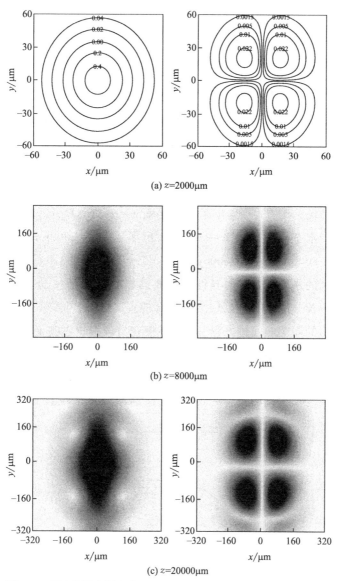

(a) z=2000μm

(b) z=8000μm

(c) z=20000μm

图 3-5　通过像散高斯光束（$\lambda = 0.514\mu m$，$s_x = 15\mu m$，$s_y = 6\mu m$）
分别在方解石晶体内部不同平面的数值评估获得的归一化模量
的水平和密度图［图（a）、（b）、（c）左图：$|E_x|/|E_0|$；
图（a）、（b）、（c）右图：$|E_y|/|E_0|$］

艾里光束的传播
特性研究

影响可以忽略不计，但是由于包含 $\partial^2_{xy} A_x$ 项的存在，A_x 表现得像 A_y 的泵一样；这一贡献解释了 $|A_y|$ 图中的 4 个对称波瓣，且 A_x 是钟形的。随着传播距离的增加，A_y 对 A_x 的影响随之增加，因此 A_x 的轮廓变得更加结构化，正如图 3-5 的图（b）和图（c）左图显示的那样。

3.2　艾里光束在单轴晶体中的传播特征

3.2.1　艾里光束垂直于光轴入射

作为薛定谔方程的解，艾里光束有着无限的能量，在真空中呈现非扩散特性[43]。艾里光束的自由加速度[39]、自愈性[65]、坡印廷矢量和角动量[46]、弹道动力学[41] 和艾里光束的传播因子[66] 已经被广泛研究。维格纳分布函数法和几何光学方法分别用来解释艾里光束的有趣特性[67,68]。艾里光束在光学微操作和全光开关中有重要的作用[69,70]。我们已经分别研究了艾里光束通过一个 ABCD 光学系统[71] 在水中[72]，在非线性介质中[73,74]，在湍流中[75] 的传播。

除了在自由空间、非线性介质、湍流大气中，通过求解麦克斯韦方程组进行处理，激光光束还可以在单轴晶体等各向异性介质中传播。一些应用程序，例如偏振器和补偿器的设计，涉及在单轴晶体中传播的激光光束。各种激光光束在单轴晶体中的传播已经报道过[76,77]，然而，目前所知，还没有文献研究过艾里光束在单轴晶体中的传播，以下我们将研究艾里光束在垂直于光轴的单轴晶体中的传播。

在笛卡儿坐标系中，z 轴设置为传播轴，x 轴为单轴晶体的光轴。输入平面是 $z=0$，观察平面是 z，单轴晶体的普通折射率和非常折射率分别为 n_o 和 n_e。单轴晶体的相对介电张量为

$$\boldsymbol{\varepsilon}=\begin{bmatrix} n_e^2 & 0 & 0 \\ 0 & n_o^2 & 0 \\ 0 & 0 & n_o^2 \end{bmatrix} \tag{3-44}$$

这里考虑的艾里光束在 x 方向上是线性极化的，并且入射在 $z=0$ 平面上的单轴晶体上，则输入平面 $z=0$ 的艾里光束形式为

$$\begin{bmatrix} E_x(x_0,y_0,0) \\ E_y(x_0,y_0,0) \end{bmatrix}=\begin{bmatrix} Ai\left(\dfrac{x_0}{w_0}\right)Ai\left(\dfrac{y_0}{w_0}\right)\exp\left(\dfrac{ax_0}{w_0}+\dfrac{by_0}{w_0}\right) \\ 0 \end{bmatrix} \tag{3-45}$$

其中，w_0 为横向尺度；$Ai(\cdot)$ 为艾里函数；a 为调制参数。在近轴近似的框架内，艾里光束在垂直于光轴的单轴晶体中的传播遵循如下公式[78]：

$$E_x(x,y,z)=\exp(ikn_ez)\int_{-\infty}^{\infty}\int_{-\infty}^{\infty}\widetilde{E}_x(k_x,k_y)$$

$$\exp\left[i(k_xx+k_yy)-i\frac{n_e^2k_x^2+n_o^2k_y^2}{2kn_o^2n_e}z\right]dk_xdk_y \tag{3-46}$$

艾里光束的传播
特性研究

$$E_x(x,y,z) = \exp(ikn_o z) \int_{-\infty}^{\infty} \int_{-\infty}^{\infty} \widetilde{E}_y(k_x, k_y)$$

$$\exp\left[i(k_x x + k_y y) - i\frac{k_x^2 + k_y^2}{2kn_o}z\right] dk_x dk_y$$

$$(3\text{-}47)$$

二维傅里叶变换 $\widetilde{E}_x(k_x, k_y)$ 和 $\widetilde{E}_y(k_x, k_y)$ 为

$$\widetilde{E}_j(k_x, k_y) = \frac{1}{(2\pi)^2} \int_{-\infty}^{\infty} \int_{-\infty}^{\infty} E_j(x_0, y_0, 0)$$

$$\exp[-i(k_x x + k_y y)] dk_x dk_y \quad (3\text{-}48)$$

其中，$j=x$ 或 y（以下）。在近轴近似中，只要横向光束尺度 w_0 比波长大，场的纵向分量可以忽略[79]。由公式(3-46)和公式(3-47)可知，光场的 x 分量只是非常平面波的叠加，y 分量只包含普通平面波。公式(3-46)和公式(3-47)也可改写为

$$E_x(x,y,z) = \frac{kn_o}{2\pi iz} \exp(ikn_e z) \int_{-\infty}^{\infty} \int_{-\infty}^{\infty} E_x(x_0, y_0, 0)$$

$$\exp\left\{\frac{ik}{2zn_e}[n_o^2(x-x_0)^2 + n_e^2(y-y_0)^2]\right\} dx_0 dy_0 \quad (3\text{-}49)$$

$$E_y(x,y,z) = \frac{kn_o}{2\pi iz} \exp(ikn_o z) \int_{-\infty}^{\infty} \int_{-\infty}^{\infty} E_y(x_0, y_0, 0)$$

$$\exp\left\{\frac{ikn_o}{2z}[(x-x_0)^2 + (y-y_0)^2]\right\} dx_0 dy_0 \quad (3\text{-}50)$$

其中，$k=2\pi/\lambda$ 为波长为 λ 的波数。将公式(3-45)代入公式(3-49)，可得：

$$E_x(x,y,z) = \frac{kn_o}{2\pi iz} \exp(ikn_e z) U(x,z) U(y,z)$$

$$(3\text{-}51)$$

其中 $U(x,z)$ 和 $U(y,z)$ 为

$$U(x,z) = \int_{-\infty}^{\infty} Ai\left(\frac{x_0}{w_0}\right) \exp\left(\frac{ax_0}{w_0}\right)$$

$$\exp\left[-\frac{kn_o^2}{2izn_e}(x-x_0)^2\right] dx_0 \quad (3\text{-}52)$$

$$U(y,z) = \int_{-\infty}^{\infty} Ai\left(\frac{y_0}{w_0}\right) \exp\left(\frac{ay_0}{w_0}\right)$$

$$\exp\left[-\frac{kn_e}{2iz}(y-y_0)^2\right] dy_0 \quad (3\text{-}53)$$

公式(3-52)可以写作

$$U(x,z) = \exp\left(\frac{ax}{w_0} + i\frac{a^2 n_e z}{2n_o^2 z_0}\right) \int_{-\infty}^{\infty} Ai\left(\frac{x_0}{w_0}\right)$$

$$\exp\left[-\frac{kn_o^2}{2izn_e}\left(x + i\frac{aw_0 n_e z}{n_o^2 z_0} - x_0\right)^2\right] dx_0$$

$$(3\text{-}54)$$

其中 $z_0 = kw_0^2$。注意到两个函数 $f_1(\tau)$ 和 $f_2(\tau)$ 的卷积定义为[80]

$$f_1(\tau) \otimes f_2(\tau) = \int_{-\infty}^{\infty} f_1(x_0) f_2(\tau - x_0) dx_0 \quad (3\text{-}55)$$

其中 $\otimes$ 表示卷积。公式(3-54)可以用卷积的形式表示为

$$U(x,z) = \exp\left(\frac{ax}{w_0} + i\frac{a^2 n_e z}{2n_o^2 z_0}\right)\left[f_1\left(x + i\frac{aw_0 n_e z}{n_o^2 z_0}\right)\otimes\right.$$

$$\left. f_2\left(x + i\frac{aw_0 n_e z}{n_o^2 z_0}\right)\right] \quad (3\text{-}56)$$

其中辅助函数 $f_1(\tau)$ 和 $f_2(\tau)$ 为

$$f_1(\tau) = Ai\left(\frac{\tau}{w_0}\right) \quad (3\text{-}57)$$

$$f_2(\tau) = \exp\left(-\frac{kn_o^2}{2izn_e}\tau^2\right) \quad (3\text{-}58)$$

傅里叶变换的卷积定理具有如下性质：

$$f_1(\tau) \otimes f_2(\tau) = \int_{-\infty}^{\infty} f_1(\xi) f_2(\xi) \exp(-\mathrm{i}\xi\tau) \mathrm{d}x_0$$

$$(3-59)$$

这里辅助函数 $f_1(\xi)$ 和 $f_2(\xi)$ 分别是 $f_1(\tau)$ 和 $f_2(\tau)$ 的傅里叶变换。$f_1(\xi)$ 和 $f_2(\xi)$ 为

$$f_1(\xi) = \frac{1}{\sqrt{2\pi}} \int_{-\infty}^{\infty} Ai\left(\frac{\tau}{w_0}\right) \exp(\mathrm{i}\xi\tau) \mathrm{d}\tau$$

$$= \frac{w_0}{\sqrt{2\pi}} \exp\left(-\frac{\mathrm{i}w_0^3}{3}\xi^3\right) \qquad (3-60)$$

$$f_2(\xi) = \frac{1}{\sqrt{2\pi}} \int_{-\infty}^{\infty} \exp\left(-\frac{kn_o^2}{2\mathrm{i}zn_e}\tau^2\right) \exp(\mathrm{i}\xi\tau) \mathrm{d}\tau$$

$$= \sqrt{\frac{\mathrm{i}zn_e}{kn_o^2}} \exp\left(-\frac{\mathrm{i}zn_e}{2kn_o^2}\xi^2\right) \qquad (3-61)$$

因此，公式(3-56)为

$$U(x,z) = w_0 \sqrt{\frac{\mathrm{i}ez}{2\pi kn_o}} \exp\left(\frac{ax}{w_0} + \mathrm{i}\frac{a^2ez}{2n_oz_0}\right)$$

$$\int_{-\infty}^{\infty} \exp\left[-\frac{\mathrm{i}w_0^3}{3}\xi^3 - \frac{\mathrm{i}ez}{2kn_o}\xi^2 + \left(\frac{aw_0z}{n_oz_0} - \mathrm{i}x\right)\xi\right] \mathrm{d}\xi$$

$$= w_0 \sqrt{\frac{\mathrm{i}ez}{2\pi kn_o}} \exp\left[\frac{ax}{w_0} - \frac{a}{2}\left(\frac{ez}{n_oz_0}\right)^2 - \right.$$

$$\left. \frac{\mathrm{i}}{12}\left(\frac{ez}{n_oz_0}\right)^3 + \left(a^2 + \frac{x}{w_0}\right)\frac{\mathrm{i}ez}{2n_oz_0}\right] \times$$

$$\int_{-\infty}^{\infty} \exp\left[-\frac{\mathrm{i}}{3}\left(w_0\xi + \frac{ez}{2n_oz_0}\right)^3\right]$$

$$\exp\left\{-\mathrm{i}\left[\frac{x}{w_0} - \left(\frac{ez}{2n_oz_0}\right)^2 + \frac{\mathrm{i}aez}{n_oz_0}\right]\right.$$

$$\left.\left(w_0\xi + \frac{ez}{2n_oz_0}\right)\right\} \mathrm{d}\xi \qquad (3-62)$$

这里 $e = n_e/n_o$ 为非常折射率与普通折射率之比。

艾里函数可以写成积分形式：

$$Ai(u) = \frac{1}{2\pi} \int_{-\infty}^{\infty} \exp\left(-\frac{i}{3}x^3\right) \exp(-iux)\mathrm{d}x \quad (3\text{-}63)$$

因此，公式(3-62)可以表示为：

$$
\begin{aligned}
U(x,z) = &\sqrt{\frac{i2\pi ez}{kn_o}} Ai\left[\frac{x}{w_0} - \left(\frac{ez}{2n_o z_0}\right)^2 + \frac{iaez}{n_o z_0}\right] \\
&\exp\left[\frac{ax}{w_0} - \frac{a}{2}\left(\frac{ez}{n_o z_0}\right)^2 - \frac{i}{12}\left(\frac{ez}{n_o z_0}\right)^3 + \right. \\
&\left. \left(a^2 + \frac{x}{w_0}\right)\frac{iez}{2n_o z_0}\right]
\end{aligned}
\quad (3\text{-}64)
$$

同理，公式(3-53)也成立：

$$
\begin{aligned}
U(y,z) = &\sqrt{\frac{i2\pi z}{ekn_o}} Ai\left[\frac{y}{w_0} - \left(\frac{z}{2en_o z_0}\right)^2 + \frac{iaz}{en_o z_0}\right] \\
&\exp\left[\frac{ay}{w_0} - \frac{a}{2}\left(\frac{z}{en_o z_0}\right)^2 - \frac{i}{12}\left(\frac{z}{en_o z_0}\right)^3 + \right. \\
&\left. \left(a^2 + \frac{y}{w_0}\right)\frac{iz}{2en_o z_0}\right]
\end{aligned}
\quad (3\text{-}65)
$$

因此，艾里光束在垂直于光轴的单轴晶体中传播的近轴方程为

$$
\begin{aligned}
E_x(x,y,z) = &\exp(ikn_e z) Ai\left[\frac{x}{w_0} - \left(\frac{ez}{2n_o z_0}\right)^2 + \frac{iaez}{n_o z_0}\right] \\
&\exp\left[\frac{ax}{w_0} - \frac{a}{2}\left(\frac{ez}{n_o z_0}\right)^2 - \frac{i}{12}\left(\frac{ez}{n_o z_0}\right)^3 + \right. \\
&\left. \left(a^2 + \frac{x}{w_0}\right)\frac{iez}{2n_o z_0}\right] \times Ai\left[\frac{y}{w_0} - \left(\frac{z}{2en_o z_0}\right)^2 + \frac{iaz}{en_o z_0}\right] \\
&\exp\left[\frac{ay}{w_0} - \frac{a}{2}\left(\frac{z}{en_o z_0}\right)^2 - \frac{i}{12}\left(\frac{z}{en_o z_0}\right)^3 + \right. \\
&\left. \left(a^2 + \frac{y}{w_0}\right)\frac{iz}{2en_o z_0}\right]
\end{aligned}
\quad (3\text{-}66)
$$

艾里光束的传播
特性研究

$$E_y(x,y,z)=0 \qquad (3\text{-}67)$$

在 $n_e=n_o=1$ 的条件下，公式（3-66）演化为自由空间中艾里光束的近轴传播公式。

如下所示，艾里光束在垂直于光轴的单轴晶体中的传播遵循在 x-z 平面和 y-z 平面的弹道轨迹：

$$x=\frac{e^2}{4e^2 n_o^2 k^2 w_0^3}z^2 \qquad (3\text{-}68)$$

$$y=\frac{1}{4e^2 n_o^2 k^2 w_0^3}z^2 \qquad (3\text{-}69)$$

相应描述弹道的牛顿方程描述为：

$$g_x=\frac{\mathrm{d}^2 x}{\mathrm{d}z^2}=\frac{e^2}{2n_o^2 k^2 w_0^3} \qquad (3\text{-}70)$$

$$g_y=\frac{\mathrm{d}^2 y}{\mathrm{d}z^2}=\frac{1}{2e^2 n_o^2 k^2 w_0^3} \qquad (3\text{-}71)$$

其中，g_x 和 g_y 扮演"引力"的角色。当 $e>1$ 为正的单轴晶体时，x 方向的位移总是大于 y 方向的位移，而 g_x 总是大于 g_y。当 $n_e=n_o=1$ 时，式（3-68）～式（3-71）简化为自由空间的弹道动力学，与文献［41］中的相同。定义艾里光束在观测平面 x 和 y 方向上的有效光束尺寸为[81]：

$$W_{jz}(z)=\left\{2\frac{\displaystyle\int_{-\infty}^{\infty}\int_{-\infty}^{\infty}(j-j_c)^2\mid E_x(x,y,z)\mid^2 \mathrm{d}x\mathrm{d}y}{\displaystyle\int_{-\infty}^{\infty}\int_{-\infty}^{\infty}\mid E_x(x,y,z)\mid^2 \mathrm{d}x\mathrm{d}y}\right\}^{1/2}$$

$$(3\text{-}72)$$

其中，j_c 为艾里光束在垂直于光轴的单轴晶体中传播的重心，如下：

$$j_c = \frac{\int_{-\infty}^{\infty}\int_{-\infty}^{\infty} j \mid E_x(x,y,z) \mid^2 \mathrm{d}x\,\mathrm{d}y}{\int_{-\infty}^{\infty}\int_{-\infty}^{\infty} \mid E_x(x,y,z) \mid^2 \mathrm{d}x\,\mathrm{d}y} \quad (3\text{-}73)$$

根据文献 [41]，艾里光束在垂直于光轴的单轴晶体中传播的重心为：

$$x_c = y_c = \left(a^2 - \frac{1}{4a}\right)w_0 \quad (3\text{-}74)$$

式(3-74) 再次证明了单轴晶体的重心沿直线传播。经过长时间的积分，艾里光束在观测平面 x-、y-方向上的有效光束尺寸为

$$W_{xz}(z) = W_{xz}(0)[1 + (z_{rx})^2]^{1/2} \quad (3\text{-}75)$$

$$W_{yz}(z) = W_{yz}(0)[1 + (z_{ry})^2]^{1/2} \quad (3\text{-}76)$$

这里

$$W_{xz}(0) = W_{yz}(0) = w_0(1 + 8a^3)^{1/2}/2a \quad (3\text{-}77)$$

为输入平面上的有效光束大小。z_{rx} 和 z_{ry} 分别表示艾里光束在单轴晶体中传播时 x、y 方向上的瑞利长度，即

$$z_{rx}(z) = \sqrt{\frac{1 + 8a^3}{2a}}\frac{n_o z_0}{e} \quad (3\text{-}78)$$

$$z_{ry}(z) = \sqrt{\frac{1 + 8a^3}{2a}}en_o z_0 \quad (3\text{-}79)$$

这里我们主要关注单轴晶体对艾里光束传播的影响，考虑的单轴晶体是正的。计算参数：$\lambda = 0.53\mu m$，$w_0 = 100\mu m$，$a = 0.1$，$n_o = 2.616$。图 3-6 是艾里光束在单轴晶体中沿几个观察平面上传播的归一化强度分布的等值线图。归一化强度由 $\mid E_x(x,y,z)^2 \mid / \mid E(x,y,z)^2 \mid_{max}^2$ 给出，其中下标表示取最大值。上下两行分别表示 $e = 1.1$ 和 $e = 1.5$，这两个观察平面为 $z = 0.1z_0$

和 $z=5z_0$。Airy 光束在垂直于光轴的单轴晶体中传播时，艾里光束在 y 方向上的加速度远低于在 x 方向上的加速度，这是由晶体的各向异性效应引起的。在自由空间中，艾里光束在一定传播距离内几乎保持不变，并以相同的方式沿 x-y 平面的 45°轴加速。而在单轴晶体中，艾里光束不再沿 x-y 平面的 45°轴加速，艾里光束在单轴晶体的 x-y 平面上的加速度角 $\theta=\arctan(e^{-4})$。随着 e 值的增加，可以发现艾里光束在 x 方向上的加速度增大，而在 y 方向上的加速度减小。当 $e=1.1$，$\theta=34.33°$时，θ 随着 e 值的增大而减小。

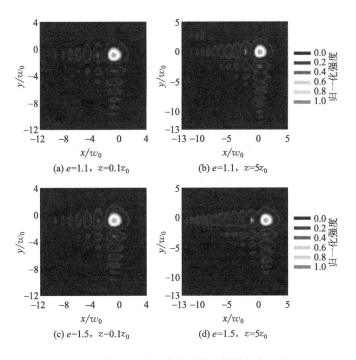

图 3-6 艾里光束在单轴晶体中传播的归一化
强度分布的等值线图

公式(3-66)表示 x 和 y 变量可以相互分离。以下进一步揭示艾里光束在单轴晶体中的加速特性，图 3-7 和图 3-8 表示在单轴晶体中 x 和 y 方向上传播的艾里光束的归一化强度分布。当在垂直于光轴的单轴晶体中传播时，x 和 y 方向上的艾里光束会加速，这一点在图 3-5 中更加明显。随着 e 值的增大，艾里光束在 x 方向上的加速度增大，在 y 方向上的加速度减小，以上奇异的特征只属于艾里光束。公式(3-68)和公式(3-69)表示 x、y 方向的位移与轴向传播距离的平方成正比，因此，当观测平面离输入平面较远时，位移反射随 e 值的增大而增大。

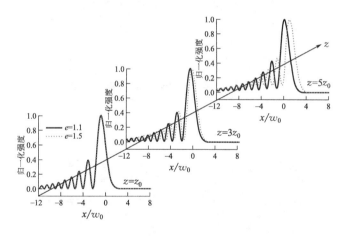

图 3-7　在单轴晶体中传播的艾里光束在 x 方向上的归一化强度分布

图 3-9 给出了在单轴晶体中 x-z 和 y-z 平面上传播的艾里光束的归一化强度分布的等值线图，上下两行分别对应 $e=1.1$ 和 $e=1.5$，艾里光束在垂直于光轴的单轴晶体中的传播遵循弹道轨迹。随着 e 值的增大，g_x

　艾里光束的传播
　　　特性研究

增大，g_y减小，通过公式(3-70)和公式(3-71)可以看出。因此，归一化光强在 x-z 平面上的抛物线偏转随 e 值的增大而增大，而在 y-z 平面上的抛物线偏转随 e 值的增大而减小。对比图 3-9 的左右部分可知，在相同条

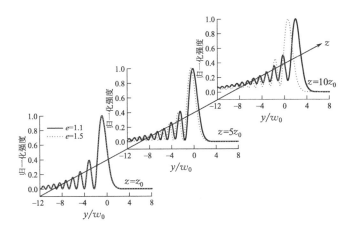

图 3-8　在单轴晶体中传播的艾里光束在 y 方向上
的归一化强度分布

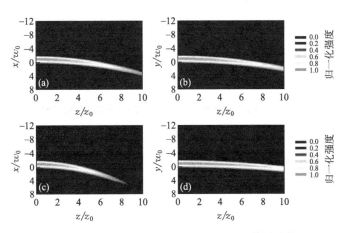

图 3-9　在单轴晶体中 x-z 平面和 y-z 平面传播的艾里
光束在不同观测截面的归一化强度分布的等值线图

件下，艾里光束在 x 方向上的加速度远大于 y 方向上的加速度。

艾里光束在单轴晶体中传播的有效光束尺寸与传播距离 z 的关系如图 3-10 所示。随着 e 值的增大，x 方向的有效光束尺寸增大，y 方向的有效光束尺寸减小。其原因是各向异性晶体的 n_e/n_o 大于单位 1。在给定传播距离的情况下，x 方向的有效光束尺寸也大于 y 方向的有效光束尺寸。

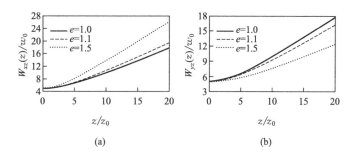

图 3-10　艾里光束在单轴晶体中传播的有效
光束尺寸与传播距离 z 的关系

3.2.2　艾里光束沿光轴入射

本节研究艾里光束在单轴介质中沿着光轴入射的特性。艾里光束的传播特性主要由单轴晶体的寻常光折射率所决定，与寻常光和非寻常光的折射率之比没有关系，且艾里光束的线性偏振态在传播过程中通常会发生变化。

艾里光束在输入面 $z=0$ 的形式为 $E(r,0)=E_x(x,y,0)e_x$，于是

艾里光束的传播
特性研究

$$E_x(x,y,0)=Ai\left(\frac{x}{w_0}\right)Ai\left(\frac{y}{w_0}\right)\exp\left(\frac{ax}{w_0}+\frac{ay}{w_0}\right) \quad (3\text{-}80)$$

其中，$Ai(..)$ 是艾里函数，a 是衰减系数，w_0 是一个任意的横向比例，并且 $\boldsymbol{r}=xe_x+ye_y$ 是横向平面的位置矢量。由文献［57］可知，艾里光束在单轴晶体中的场强可以由两部分的线性叠加所组成：

$$\begin{aligned}E(r,z)&=\exp(\mathrm{i}k_0n_oz)A\\&=\exp(\mathrm{i}k_0n_oz)[A_o(r,z)+A_e(r,z)]\end{aligned}$$

$$(3\text{-}81)$$

这里，$k_0=\omega/c$ 是在真空中的波数，A_o 和 A_e 分别表示晶体中寻常波和非寻常波的渐变振幅，它们有如下的形式：

$$A_o(r,z)=\iint\mathrm{d}^2k\exp\left(\mathrm{i}k\cdot r-\frac{\mathrm{i}k^2}{2k_0n_0}z\right)\boldsymbol{P}_o\cdot\widetilde{E}(k)$$

$$(3\text{-}82)$$

$$A_e(r,z)=\iint\mathrm{d}^2k\exp\left(\mathrm{i}k\cdot r-\frac{\mathrm{i}n_ok^2}{2k_0n_e^2}z\right)\boldsymbol{P}_e\cdot\widetilde{E}(k)$$

$$(3\text{-}83)$$

其中，$k=k_xe_x+k_ye_y$，$\widetilde{E}(k)$ 是横向场在 $z=0$ 时的二维傅里叶变化：

$$\widetilde{E}(k)=\frac{1}{(2\pi)^2}\iint\mathrm{d}^2r\exp(-\mathrm{i}k\cdot r)E(r,0) \quad (3\text{-}84)$$

张量 $\boldsymbol{P}_o$ 和 $\boldsymbol{P}_e$ 被定义为

$$\boldsymbol{P}_o=\frac{1}{k^2}\begin{bmatrix}k_y^2 & -k_xk_y\\-k_xk_y & k_x^2\end{bmatrix}$$

$$(3\text{-}85)$$

$$\boldsymbol{P}_e=\frac{1}{k^2}\begin{bmatrix}k_x^2 & k_xk_y\\k_xk_y & k_y^2\end{bmatrix}$$

两个张量之间满足这几个关系：$P_o^2 = P_o$，$P_e^2 = P_e$，$P_o + P_e = 1$，和 $P_o \cdot P_e = 0$。从公式（3-82）和公式（3-83）可以得到：

$$A_x = A_{xo} + A_{xe}$$

$$= \iint \frac{\mathrm{d}^2 k}{k^2} \left[k_y^2 \widetilde{E}_x(k) \right] \exp\left(ik \cdot r - \frac{ik^2}{2k_0 n_o} z \right) +$$

$$\iint \frac{\mathrm{d}^2 k}{k^2} \left[k_x^2 \widetilde{E}_x(k) \right] \exp\left(ik \cdot r - \frac{in_o k^2}{2k_0 n_e^2} z \right) \quad (3\text{-}86)$$

$$A_y = A_{yo} + A_{ye}$$

$$= \iint \frac{\mathrm{d}^2 k}{k^2} \left[-k_x k_y \widetilde{E}_x(k) \right] \exp\left(ik \cdot r - \frac{ik^2}{2k_0 n_o} z \right) +$$

$$\iint \frac{\mathrm{d}^2 k}{k^2} \left[k_x k_y \widetilde{E}_x(k) \right] \exp\left(ik \cdot r - \frac{in_o k^2}{2k_0 n_e^2} z \right) \quad (3\text{-}87)$$

其中

$$\widetilde{E}_x(k) = \frac{1}{(2\pi)^2} \iint \mathrm{d}^2 r \exp(-ik \cdot r) E_x(r, 0) \quad (3\text{-}88)$$

A_x 和 A_y 分量分别满足下面的耦合波动方程：

$$\left(i \frac{\partial}{\partial z} + \frac{1}{2k_0 n_o} \nabla_\perp^2 \right) A_x$$

$$= \frac{\Delta}{2k_0 n_o} \iint \mathrm{d}^2 k \left[k_x^2 \widetilde{E}_x(k) \right] \exp\left(ik \cdot r - \frac{in_o k^2}{2k_0 n_e^2} z \right)$$

$$(3\text{-}89)$$

$$\left(i \frac{\partial}{\partial z} + \frac{1}{2k_0 n_o} \nabla_\perp^2 \right) A_y$$

$$= \frac{\Delta}{2k_0 n_o} \iint \mathrm{d}^2 k \left[k_x k_y \widetilde{E}_x(k) \right] \exp\left(ik \cdot r - \frac{in_o k^2}{2k_0 n_e^2} z \right)$$

$$(3\text{-}90)$$

这里 $\Delta = n_{\mathrm{o}}^2 / n_{\mathrm{e}}^2 - 1$，方程（3-89）和方程（3-90）表示了艾里光束的两个笛卡儿分量，当艾里光束在单轴晶体中沿着光轴传播时，A_x 和 A_y 分量会发生耦合。这样的耦合主要是来源于寻常场和非寻常场的不同的折射行为[64]。这意味着在传播过程中，A_y 分量会增大，并且使艾里光束的偏振态发生变化。

通过公式（3-89）和公式（3-90）很难描述艾里光束在单轴晶体沿着光轴传播的过程。为了简单化，使用扰动系统分析艾里光束在单轴晶体沿着光轴传播的过程。考虑为扰动系统[64]，公式（3-89）和公式（3-90）可以被写为

$$A_y = A_x^{(0)}\left(r, \frac{z}{n_{\mathrm{o}}}\right) + \frac{\mathrm{i} z \Delta}{2 k_0 n_{\mathrm{o}}} \times \frac{\partial^2}{\partial x^2} \times$$

$$\left(1 + \frac{\mathrm{i} z \Delta}{4 k_0 n_{\mathrm{o}}} \nabla_\perp^2\right) A_x^{(0)}\left(r, \frac{z}{n_{\mathrm{o}}}\right) \tag{3-91}$$

$$A_y = \frac{\mathrm{i} z \Delta}{2 k_0 n_{\mathrm{o}}} \times \frac{\partial^2}{\partial x \partial y}\left(1 + \frac{\mathrm{i} z \Delta}{4 k_0 n_{\mathrm{o}}} \nabla_\perp^2\right) A_x^{(0)}\left(r, \frac{z}{n_{\mathrm{o}}}\right)$$

$$\tag{3-92}$$

其中，$A_x^{(0)}(r, z/n_{\mathrm{o}})$ 描述的是光场在折射率为 n_{o} 的均匀介质中传播。基于公式（3-91）和公式（3-92），艾里光束在单轴晶体沿着光轴传播的过程将会被研究。

图 3-11 和图 3-12 表示艾里光束在单轴晶体中沿着光轴传播的过程的不同观测面的强度剖面图。衰减系数 $a = 0.2$，横向比例 $w_0 = 5\lambda_0$，波长 $\lambda_0 = 514\mathrm{nm}$，并且折射率 $n_{\mathrm{o}} = 1.5$。当艾里光束在单轴晶体中垂直于光轴传播时，自加速在 x 和 y 方向上是不同的，这是由于非寻常的折射率和寻常折射率的比值所导致的。图 3-11 表

示艾里光束在 x 和 y 方向存在相同的强度。图 3-12 的情况意味着当艾里光束在单轴晶体沿着光轴传播时，在 x 和 y 方向上艾里光束的有效尺寸和自加速是完全相同的，并且与非寻常的折射率和寻常折射率的比值无关。这与艾里光束垂直于光轴传播时的自加速特性是不一样的[82]。

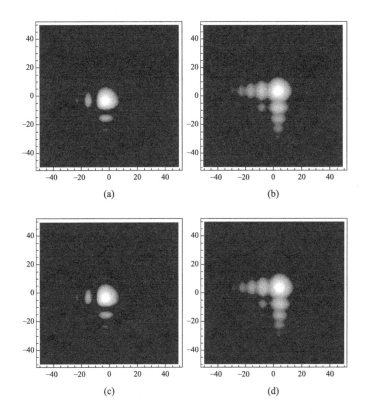

图 3-11　艾里光束在单轴晶体沿着光轴传播过程中
不同观测面的强度剖面图

[折射率为 $n_o=1.5$；第一行和第二行分别表示 $n_o/n_e=1.1$ 和 $n_o/n_e=1.5$；
图 (a) 和 (c) $z=200\lambda$，图 (b) 和 (d) $z=600\lambda$]

艾里光束的传播
特性研究

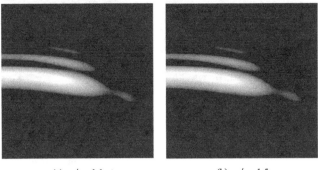

(a) $n_o/n_e=1.1$ (b) $n_o/n_e=1.5$

图 3-12   艾里光束在单轴晶体沿着光轴传播过程中

在 x-z 平面的强度剖面图

（折射率为 $n_0 = 1.5$）

当艾里光束在单轴晶体中沿着光轴传播时，A_y 分量会增大。图 3-13 表示当 $n_o/n_e = 1.1$ 和折射率 $n_0 = 1.5$ 时，艾里光束在单轴晶体中的 $|E_x|^2$ 和 $|E_y|^2$ 剖面图。由于艾里光束 A_y 分量会增大，所以艾里光束的偏振态将会在传播过程中发生变化。

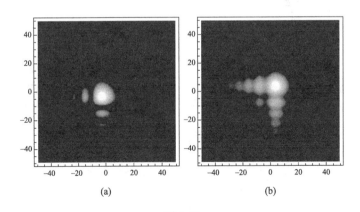

(a)   (b)

图 3-13

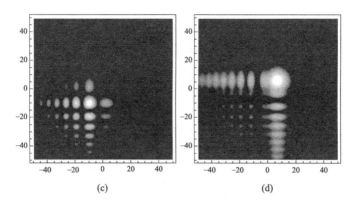

(c)   (d)

图 3-13　艾里光束在单轴晶体沿着光轴传播过程中

$|E_x|^2$ 和 $|E_y|^2$ 的强度剖面图

[折射率为 $n_0 = 1.5$；第一行和第二行分别表示 $|E_x|^2$ 和 $|E_y|^2$；

图 3-13(a) 和 (c) $z = 200\lambda$，图 3-13(b) 和 (d) $z = 600\lambda$]

　　图 3-14 描述了艾里光束两个笛卡儿分量相应的相位变化。很明显可以看到，两个笛卡儿分量 $|E_x|^2$ 和 $|E_y|^2$ 的相位分布分别对应于图 3-13 不同的强度剖面图。图 3-15 表示艾里光束在单轴晶体中沿着光轴传播时的自加速特性，它说明当艾里光束在单轴晶体中沿着光轴传播时，自加速特性是由单轴晶体的寻常折射率所决定的。

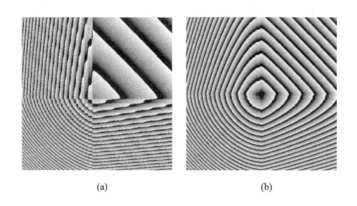

(a)   (b)

艾里光束的传播
特性研究

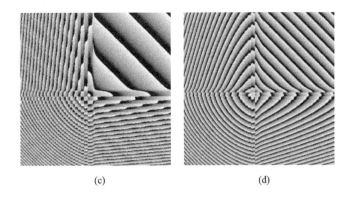

(c)   (d)

图 3-14   艾里光束在单轴晶体沿着光轴传播过程中

$|E_x|^2$ 和 $|E_y|^2$ 分量的相位分布

[折射率为 $n_0=1.5$，并且 $n_o/n_e=1.1$；第一行和第二行分别

表示 $|E_x|^2$ 和 $|E_y|^2$；图 3-14(a) 和（c）$z=200\lambda$，

图 3-14(b) 和（d）$z=600\lambda$]

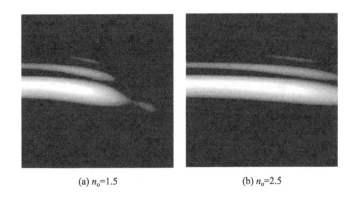

(a) $n_o=1.5$ (b) $n_o=2.5$

图 3-15   当 $n_o/n_e=1.1$ 时艾里光束在单轴晶体中

沿着光轴传播的自加速特性

第4章
艾里光束在非均匀
光学介质中的传播

4.1 艾里光束在手性介质中的传播

手性介质是一种非常重要的介质，借助于它可以将圆偏振光进行解简并。当一束线偏振光垂直入射进入手性介质薄片时，线偏振光将会分解成左旋和右旋圆偏振光。手性介质的这种圆偏振光的不同相应特征在生物化学、化学制药等领域有着非常重要的作用。在这一章中，将会主要利用矩阵光学方法，分析艾里光束在手性介质中的传播特征。

4.1.1 手性介质的光学变换矩阵

艾里光束在手性介质中的传播就好比是在一个光学系统中的传播。根据矩阵光学理论，手性介质的光学变换矩阵为

$$\begin{bmatrix} A^{(L)} & B^{(L)} \\ C^{(L)} & D^{(L)} \end{bmatrix} = \begin{bmatrix} 1 & z/n^{(L)} \\ 0 & 1 \end{bmatrix} \begin{bmatrix} A^{(R)} & B^{(R)} \\ C^{(R)} & D^{(R)} \end{bmatrix}$$

$$= \begin{bmatrix} 1 & z/n^{(R)} \\ 0 & 1 \end{bmatrix} \tag{4-1}$$

其中，$n_0 = n/(1+nk\gamma)$，$n_1 = n/(1-nk\gamma)$，分别表示手性介质对于左旋圆偏振和右旋圆偏振光束的折射率，$k = 2\pi/\lambda$ 为光波波数。根据上面的光学变换矩阵和柯林斯衍射积分，就可以研究艾里光束在手性介质中的传播问题。

4.1.2 艾里光束在手性介质中的演化规律

艾里光束在入射面的光场分布形式为

$$u(x_1) = Ai\left(\frac{x_1}{x_0}\right)\exp\left(\frac{ax_1}{x_0}\right) \tag{4-2}$$

其中，a 为衰减因子。根据柯林斯衍射积分，可以得到其光场分布形式为

$$
\begin{aligned}
u^{(J)}(x) = &\frac{1}{\sqrt{A}}Ai\left(\frac{x}{A^{(J)}x_0} - \frac{B^{(J)2}}{4A^{(J)2}k_0^2x_0^4} + i\frac{aB^{(J)}}{A^{(J)2}k_0x_0^2}\right)\\
&\exp\left(\frac{-ik_0C^{(J)}x^2}{A^{(J)}}\right)\exp\left(\frac{ax}{A^{(J)}x_0} - \right.\\
&a\frac{B^{(J)2}}{2A^{(J)2}k_0^2x_0^4} - i\frac{B^{(J)3}}{12A^{(J)3}k_0^3x_0^6} + \\
&\left.i\frac{a_0^2B^{(J)}}{2A^{(J)}k_0x_0^2} + i\frac{B^{(J)}x}{2A^{(J)2}k_0x_0^3}\right)
\end{aligned}
\tag{4-3}
$$

其中，J 分别对应于左旋或右旋圆偏振光；$A^{(J)}$、$B^{(J)}$、$C^{(J)}$、$D^{(J)}$ 为手性介质对于左旋圆偏振光和右旋圆偏振光的变换矩阵的矩阵元。

艾里光束在初始平面沿 z 方向入射进入手性介质，光场分为左旋和右旋两个分量。总的光场为

$$u(x) = u^{(L)}(x) + u^{(R)}(x) \tag{4-4}$$

因此，在传播过程中光场的总强度为

$$I = |u^{(L)}(x)|^2 + |u^{(R)}(x)|^2 + I_{\text{int}} \tag{4-5}$$

$$I_{\text{int}} = u^{(L)}(x)u^{(R)*}(x) + u^{(R)}(x)u^{(L)*}(x) \tag{4-6}$$

其中，I_{int} 表示左旋光场分量 $u^{(L)}(x)$ 和右旋光场分量 $u^{(R)}(x)$ 的干涉项。经过复杂但是直接的运算，可以发现干涉强度满足如下关系：

$$I_{\text{int}} \propto \exp\left(\frac{2ax}{x_0}\right) \exp\left[-a\frac{z^2(2+2n_0k_0\gamma)}{k_0^2x_0^4}\right] \quad (4\text{-}7)$$

从这个关系式可以看出，干涉场强与传播距离 z 和手性介质参量 γ 有着直接的联系。下面来分析艾里光束在手性介质中的传播特征。为了研究方便，在下面的模拟过程中，所选取的参量分别是波长 $\lambda = 632.8\text{nm}$，衰减因子 $a = 0.08$，横向尺度因子 $x_0 = 0.1\text{mm}$，初始折射率 $n = 3$。

图 4-1(a)～(d) 描述了艾里光束在手性参量 $\gamma = 0.16/k_0$ 的手性介质中的演化。从归一化的左旋圆偏振和右旋圆偏振艾里光束的强度可以看出，在手性介质中传播时，其弯曲轨迹的方向是完全不同的。同时，干涉强度和总强度也分别在图 4-1(c) 和图 4-1(d) 中描述。明显地可以看出，由于左旋圆偏振和右旋圆偏振干涉效应的存在，艾里光束总的光场强度受到了影响。为了对比手性介质对艾里光束传播的影响，图 4-1(e)～(f) 描述了艾里光束在手性参量 $\gamma = 0.28/k_0$ 的手性介质中的演化。注意到，随着介质手性参量的增大，其干涉效应更加明显。因此，可以说艾里光束的自加速可以由手性介质的手性参量来决定。

下面研究由于手性介质所引起的干涉在近场区域对艾里光束的影响。如图 4-2 所示，图(a)～(c) 描述了艾里光束在手性参量 $\gamma = 0.16/k_0$ 的手性介质中当传播距离 $z = 200\text{mm}$ 时的情况。图(a) 描述了左旋圆偏振和右旋圆偏振分量的强度分布情况，图(b) 描述了其干涉强度情况，图(c) 描述了光束总强度。与此对应，图(d)～(f) 描述了艾里光束在手性参量 $\gamma = 0.28/k_0$ 的手性介质中当传播距离 $z = 200\text{mm}$ 时的情况。可以明

艾里光束的传播
特性研究

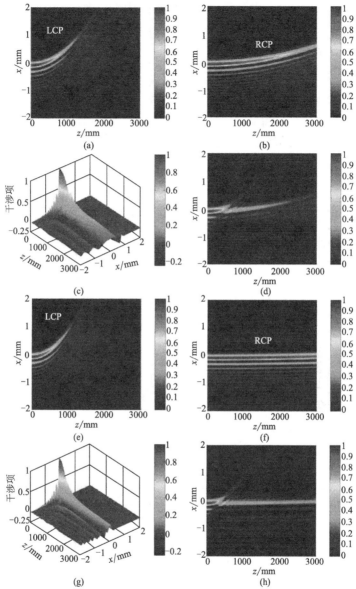

图 4-1　艾里光束在手性介质中传播时的演化　[图(a)～(d)$\gamma=$

$0.16/k_0$，图(e)～(h)　$\gamma=0.28/k_0$，图(c)　和图(g)

分别对应于干扰项为　$\gamma=0.16/k_0$ 和 $\gamma=0.28/k_0$]

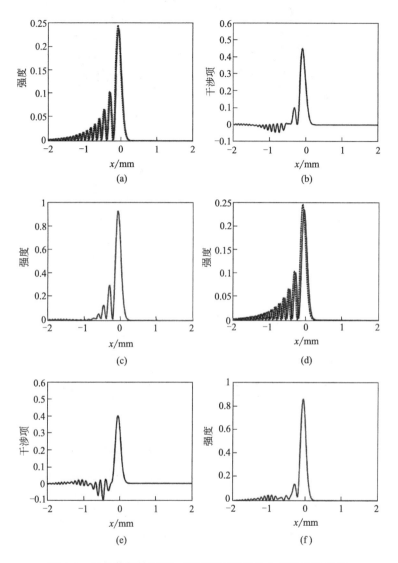

图 4-2　近场传播情况下，艾里光束在手性介质中传输时的
强度分布 [$z=200\text{mm}$，图(a)~(c) $\gamma=0.16/k_0$，
图(d)~(f) $\gamma=0.28/k_0$]

艾里光束的传播
特性研究

显地看出，在近场传播区域，左旋偏振和右旋偏振分量并没有明显地分离。

相对于近场区域传播而言，图 4-3 描述了艾里光束在手性介质中传播时的远场区域情况。可以发现，在远

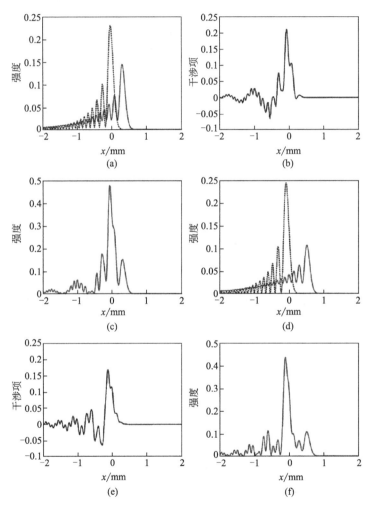

图 4-3　远场传播情况下，艾里光束在手性介质中传输时的强度分布 [$z=800\,\mathrm{mm}$，参数与图 4-2 相同]

场区域传播时，手性介质的手性将会对其传播产生显著的影响。

4.2　艾里光束在非均匀介质中的相变

4.2.1　基于波动光学的艾里光束相变研究

抛物线势在光学中的一个广泛应用是在梯度折射率（GRIN）光纤中传输脉冲。如果将高斯光束发射到这样一个势场中，它会以完美的谐波形式来回振荡，而不会改变其轮廓[83]。然而，如果在抛物线势中发射艾里光束，其传播就大不相同了。

由于抛物线势，有限能量的艾里光束将经历深刻的变化，包括传播过程中的周期性反转和临界转折点的奇异形状变化。这个运动不是谐波振荡。这种行为引发了许多问题。最明显的是，为什么以及如何发生反转？如何理解和描述过程？在临界点会发生什么？光束是否保持无衍射？反演是否受光的横向位移影响？下面将讨论这些问题。

在近轴近似且没有非线性的情况下，光束的传输遵循归一化无量纲线性抛物（类薛定谔）方程：

$$i\frac{\partial\psi}{\partial z}+\frac{1}{2}\times\frac{\partial^2\psi}{\partial x^2}-V(x)\psi=0 \tag{4-8}$$

式中，ψ 是光束包络，$V(x)$ 是外部电势，通常来自介质折射率的适当变化。变量 x 和 z 是标准化的横向坐标和传播距离，由一些特征横向宽度 x_0 和相应的瑞利范围 kx_0^2 缩放。这里，$k = 2\pi n/\lambda_0$ 是波数，n 是折射率，λ_0 是自由空间中的波长。出于我们的目的，参数值可以取为 $x_0 = 100\mu m$，$\lambda_0 = 600nm$[84-86]。我们考虑抛物线势

$$V(x) = \frac{1}{2}\alpha^2 x^2 \qquad (4\text{-}9)$$

参数 α 为测量电势的深度。

通过这种势的选择，式(4-8)描述了线性谐振子，并给出了许多已知的解。我们选择与目前研究相关的，其中一些是通过自相似方法得出的。通常，式(4-8)的解可以写成[87-89]：

$$\psi(x,z) = \int_{-\infty}^{+\infty} \psi(\zeta,0) \sqrt{\mathcal{H}(x,\zeta,z)}\, d\zeta \qquad (4\text{-}10)$$

其中

$$\mathcal{H}(x,\zeta,z) = -\frac{i}{2\pi}\alpha\cos(\alpha z)\exp\{i\alpha\cot(\alpha z)$$
$$[x^2 + \zeta^2 - 2x\zeta\sec(\alpha z)]\} \qquad (4\text{-}11)$$

与相应的内核相关联。将式(4-10)和式(4-11)结合起来，经过一些代数运算，最后得到

$$\psi(x,z) = f(x,z)\int_{-\infty}^{+\infty} [\psi(\zeta,0)\exp(ib\zeta^2)]\exp(-iK\zeta)\, d\zeta$$
$$(4\text{-}12)$$

其中 $b = \frac{\alpha}{2}\cot(\alpha z)$，$K = \alpha x\csc(\alpha z)$，以及

$$f(x,z) = \sqrt{-\frac{i}{2\pi} \times \frac{K}{x}}\exp(ibx^2) \qquad (4\text{-}13)$$

可以看出，式(4-12)中的积分是 $\psi(x,0)\exp(ibx^2)$

的傅里叶变换，K 是空间频率。因此，在选择某一输入 $\psi(x,0)$ 后，可以通过求 $\psi(x,0)\exp(ibx^2)$ 的傅里叶变换得到解析演化解。换句话说，光束在抛物线势中的传播等价于自傅里叶变换，即从光到具有二次啁啾的光的傅里叶变换的周期性变化。值得一提的是，式(4-12) 是初始光束的分数傅里叶变换[90,91]，其"度"与传播距离成正比。总的来说，傅里叶变换的使用大大简化了分析。

我们首先考虑有限能量的艾里光束 $\psi(x,0)=Ai(x)\exp(ax)$ 是输入的情况，其中 a 是衰减参数——一个使总能量有限的正实数。这也使得光束更容易进入势阱。式(4-12) 的解可通过以下两个步骤找到。

① 求 $\psi(x,0)=Ai(x)\exp(ax)$ 和 $\exp(ibx^2)$ 的傅里叶变换，可以分别写成[92]：

$$\hat{\psi}(k)=\exp(-ak^2)\exp\left[\frac{a^3}{3}+\frac{i}{3}(k^3-3a^2k)\right] \quad (4\text{-}14)$$

以及

$$\sqrt{i\frac{\pi}{b}}\exp\left(-\frac{i}{4b}k^2\right) \quad (4\text{-}15)$$

② 执行式(4-14) 和式(4-15) 中两个傅里叶变换的卷积，并使用定义[93]：

$$Ai(x)=\frac{1}{2\pi i}\int_{-i\infty}^{+i\infty}\exp\left(xt-\frac{t^3}{3}\right)\mathrm{d}t \quad (4\text{-}16)$$

求傅里叶逆变换：

$$\psi(x,z)=-f(x,z)\sqrt{i\frac{\pi}{b}}\exp\left(\frac{a^3}{3}\right)Ai\left(\frac{K}{2b}-\frac{1}{16b^2}+i\frac{a}{2b}\right)$$

$$\times\exp\left[\left(a+\frac{i}{4b}\right)\left(\frac{K}{2b}-\frac{1}{16b^2}+i\frac{a}{2b}\right)\right]$$

$$\times \exp\left[-\mathrm{i}\frac{K}{4b^2}-\frac{1}{3}\left(a+\frac{\mathrm{i}}{4b}\right)^3\right] \qquad (4\text{-}17)$$

这是求解式(4-12)的一般步骤。很明显，式(4-17)中的解是一个周期函数，它应该按照抛物线势的要求执行谐波振荡。问题是，这真的会发生吗？

从等式(4-17)中，可以找到初始光束在传播过程中的加速轨迹，其形式如下：

$$x=\frac{1}{4a^2}\times\frac{\sin^2(\alpha z)}{\cos(\alpha z)} \qquad (4\text{-}18)$$

其中，$z\neq(2m+1)\mathscr{D}/4$。注意，式(4-18)中的轨迹是理想的，因为它表明，当$z\to(2m+1)\mathscr{D}/4$时，艾里光束可以一直加速到无穷大，$x\to\pm\infty$。然而，在艾里光束指数变迹后，当z接近相变点$(2m+1)\mathscr{D}/4$时，这种加速度将停止。在这一点上，光束传播的特性将发生巨大变化——光束将转向，以相反的方向加速，并改变形状。虽然在抛物线势的转折点处，速度的符号会发生变化，但加速度和形状不会发生变化，运动中也不会出现不同的相位。还要注意，式(4-18)给出的加速轨迹是一个周期函数，周期为

$$\mathscr{D}=\frac{2\pi}{\alpha} \qquad (4\text{-}19)$$

而不是抛物线。

现在，必须解决与等式(4-17)有关的几个问题：

① 当传播距离是周期的整数倍，即$z=m\mathscr{D}$，m为非负整数时，我们有$\psi(x,z)=\psi(x,0)$——初始光束复发。

② 当传播距离是周期一半的奇数整数倍时，即$z=(2m+1)\mathscr{D}/2$，我们有$\psi(x,z)=\psi(-x,0)$——初始

光束反转。

③ 当传播距离是周期 1/4 的奇数整数倍，即 $z = (2m+1)\mathscr{D}/4$ 时，我们遇到了麻烦——等式(4-17) 无效，因为 $b=0$。在这种情况下，必须直接求解初始光束的傅里叶变换的等式(4-12)。结果是：

$$\psi\left(x, z = \frac{2m+1}{4}\mathscr{D}\right) = \sqrt{-\mathrm{i}\frac{s\alpha}{2\pi}} \exp(-a\alpha^2 x^2)$$

$$\exp\left[\frac{a^3}{3} + \mathrm{i}\frac{s}{3}(\alpha^3 x^3 - 3a^2\alpha x)\right]$$

$$(4\text{-}20)$$

其中，如果 m 为偶数，则 $s=1$；如果 m 为奇数，则 $s=-1$。该场与初始艾里光束无关，即传播光束的新"相位"。

有趣的是，式(4-20) 显示了高斯强度分布（能量分布是奇偶对称的），这与其他地方在传播期间的强度分布（能量分布是奇偶对称的）完全不同。它类似于从势墙反弹的传播高斯脉冲，但高斯光束在传播过程中仍然是高斯光束，而该脉冲反转并成为反向艾里光束。另一方面，它不同于自由高斯波包撞击无限势墙——在反弹过程中，由于入射光束和反射光束之间的干扰，波包变成快速振荡的多峰结构。由于反演引入了速度的不连续性和加速度的奇异性，由于没有更好的说法，我们将这种现象称为有限能量艾里光束的相变，这是由抛物线势引起的。相应地，$z=(2m+1)\mathscr{D}/4$ 是相变点。

按照上述步骤，得到了涉及有限能量艾里光束传播的解，它是式(4-17) 和式(4-20) 的组合。图 4-4(a) 中展示了使用光束传播方法数值获得的输入艾里光束的传播；将传播距离设置为仅 $2\mathcal{D}$，这足以显示周期性。可以看到，光束在传播过程中表现出振荡和周期反转，这与前面的分析预测一致。但是，这种振荡不是谐波的。我们还可以看到，传播以无衍射的方式进行，光束始终保持局部化。这里需要指出，随着 α 变小，势阱变浅，周期变长。然后，一个基本上涉及自由空间传播，光束必须对正参数 a 进行相当大的衍射。为了比较分析结果和数值结果，在图 4-4(b) 中显示了 $z=\mathcal{D}/4$ 和 $z=\mathcal{D}/2$ 处的强度分布，从中可以看出，分析（虚线曲线）和数值（实线曲线）结果非常吻合。

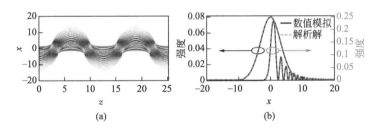

图 4-4 具有 $a=0.1$ 的有限能量艾里光束 $\psi(x,0)=Ai(x)\exp(ax)$
在具有 $\alpha=0.5$ 的抛物线势中的传播及分别在 $z=\mathcal{D}/4$ 和 $z=\mathcal{D}/2$
时的强度分布（高斯和艾里剖面分别指的是
左 y 轴和右 y 轴，如圆圈箭头所示）

同时考虑横向位移的有限能量艾里光束。我们在光束上引入横向位移 x_0，并将初始光束写成 $\psi(x,0)=Ai(x-x_0)\exp[a(x-x_0)]$。相应的傅里叶变换写为

$$\hat{\psi}(k)=\exp(-ix_0 k)\exp(-ak^2)$$

$$\exp\left[\frac{a^3}{3}+\frac{i}{3}(k^3-3a^2 k)\right] \qquad (4\text{-}21)$$

根据傅里叶变换的平移特性，对应于该初始光束的一般解可以写成：

$$\psi(x,z) = -f(x,z)\sqrt{\mathrm{i}\frac{\pi}{b}}\exp\left(\frac{a^3}{3}\right)Ai\left(\frac{K}{2b} - \frac{1}{16b^2} + \mathrm{i}\frac{a}{2b} - x_0\right) \times$$

$$\exp\left[\left(a + \frac{\mathrm{i}}{4b}\right)\left(\frac{K}{2b} - \frac{1}{16b^2} + \mathrm{i}\frac{a}{2b} - x_0\right)\right] \times$$

$$\exp\left[-\mathrm{i}\frac{K^2}{4b} - \frac{1}{3}\left(a + \frac{\mathrm{i}}{4b}\right)^3\right] \qquad (4\text{-}22)$$

从中可以看到，周期没有变化，并且光束在 $z = (2m+1)\mathscr{D}/4$ 处仍显示相变。同样，可以直接从等式 (4-12) 中找到解决方案，获得：

$$\psi\left(x, z = \frac{2m+1}{4}\mathscr{D}\right) = \sqrt{-\mathrm{i}\frac{s\alpha}{2\pi}}\exp(-\mathrm{i}x_0\alpha x)\exp(-a\alpha x^2) \times$$

$$\exp\left[\frac{a^3}{3} + \mathrm{i}\frac{s}{3}(\alpha^3 x^3 - 3a^2\alpha x)\right]$$

$$(4\text{-}23)$$

比较式 (4-23) 和式 (4-20)，可以看到横向位移在相变点处的解引入了一个线性啁啾。光执行与之前相同的运动，但它是横向拉伸的。

总的来说，以横向位移的有限能量艾里光束为输入，解是等式 (4-22) 和等式 (4-23) 的组合。对应于这种情况的加速轨迹是

$$x = \frac{1}{4a^2} \times \frac{\sin^2(\alpha z)}{\cos(\alpha z)} + x_0\cos(\alpha z) \qquad (4\text{-}24)$$

其中右侧的第二项来自横向位移。可以预测，随着横向位移 $|x_0|$ 的增加，光束将沿着越来越长的余弦曲线加速。

在图 4-5 中，我们展示了有限能量艾里光束以不同横向位移传播的情况。图 4-5(a1)～(a3) 适用于 $x_0 < 0$ 的情况，而图 4-5(b1)～(b3) 适用于 $x_0 > 0$ 的情况。与

艾里光束的传播
特性研究

图 4-4(a) 相比，由于横向位移，加速轨迹被调制。具体来说，$x_0 < 0$ 的光加速与 $x_0 \geqslant 0$ 相反。在图 4-5(b3) 中，主瓣几乎沿直线移动。此外，对于较大的 $|x_0|$，加速轨迹确实接近于类似余弦的曲线，如图 4-5(a1) 所示，其中 $x_0 = -15$。

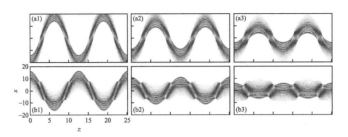

图 4-5　具有不同横向位移的有限能量艾里光束的传播

[图 (a1)~(a3)：$x_0 = -15$，-10 和 -5，图 (b1)~(b3)：$x_0 = 15$，10 和 5；$a = 0.1$，$\alpha = 0.5$]

从图 4-4(a) 和图 4-5 可以观察到，在相变点前后的一段距离内，光束会失去其多峰轮廓，并以不对称单峰光束的形式传播。只有在临界点，它才具有对称的高斯分布。这种现象是光束接近并从潜在壁反弹的结果。由于能量有限，光束在转折点停留了一段时间，在从势能壁反弹时，它以单峰脉冲的形式传播。为了更清楚地探索相变区域，我们在图 4-6 中展示了不同情况下光束在传播过程中的轨迹、速度和加速度。图中左列中的曲线显示了数值捕获的最大光束强度的动力学，而右列中的曲线是根据等式(4-18) 和等式(4-24) 获得的分析结果。该图很好地显示了运动不和谐的原因。如果是谐波，轨迹曲线将与加速度曲线相同，但符号相反，并按因子缩放，但事实并非如此。事实上，对于没有位移的光束，位置和加速度具有相同的符号。此外，请注意数值曲线和分析曲线之间的根本区别——数值曲线预测两相动力学，而分析曲线则不然。根据数值曲线，可以看到光束在传播过程中确实显示了两个相位区域——艾里相位和单峰相位。

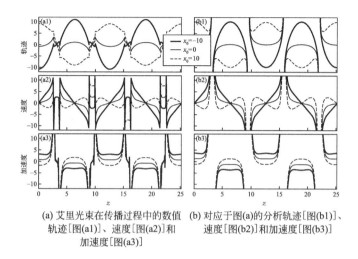

(a) 艾里光束在传播过程中的数值　　(b) 对应于图(a)的分析轨迹[图(b1)]、
轨迹[图(a1)]、速度[图(a2)]和　　　　速度[图(b2)]和加速度[图(b3)]
加速度[图(a3)]

图 4-6　不同情况下光束在传播过程中的轨迹、速度和加速度
（其他参数为 $a=0.1$ 和 $\alpha=0.5$）

　　根据等式(4-17) 和等式(4-18)，单峰结构仅出现在相变点；在这些点之前和之后，光束仍然呈现多峰结构，但峰太小，无法识别。这与被视为加速光束的菲涅耳衍射图案的情况非常相似，在这种情况下，图案显示先减速，然后在边缘（某一点）累积，失去其多峰结构，最后在相反方向加速[94-97]。严格来说，除了相变点外，没有单峰相区；然而，系统必须重新连接点之前的加速运动和点之后的减速运动。在相变点附近的微小区域内，光束的运动与艾里相位的光束运动在性质上不同。这就是为什么数值和分析结果在艾里相区

　艾里光束的传播
特性研究

非常一致，而在单峰区则不一致。另一方面，根据图4-6(b1)～(b3)，当光束接近相变点时，分析轨迹、速度和加速度趋于无穷大，这违背了物理现实。振荡需要有界的轨迹、速度和加速度。因此，切趾的结果更加真实。

将这一运动与"质心"的运动进行比较是很有趣的，质心定义为

$$\overline{x} = \frac{\displaystyle\int_{-\infty}^{+\infty} x \, |\psi(x)|^2 \, \mathrm{d}x}{\displaystyle\int_{-\infty}^{+\infty} |\psi(x)|^2 \, \mathrm{d}x} \tag{4-25}$$

如前所述，我们发现质心的振动是谐波的（未显示）。更准确地说，整个波包在抛物线势中发生谐波振荡，但光束强度的最大值不发生。

根据等式(4-19)，轨迹与衰减参数 a 无关。然而，单峰区域确实取决于 a。要从等式(4-17)中精确分析区域宽度与 a 之间的关系并非易事。因此，我们仅以数字表示这种关系，结果如图 4-7(a) 所示。正如人们可以预测的那样，单峰相区随着温度的升高而增加。衰变参数越小，光束就越难突然反转。在类似的情况下，当 a 固定时，横向位移 x_0 不影响单峰相区的宽度。在图 4-7(b) 和图 4-7(c) 中，对应于图 4-7(a) 中所示的两个点，我们展示了有限能量艾里光束在半个周期内无横向位移（即 $x_0 = 0$）传播的另外两种情况，分别为 $a = 0.01$ 和 0.05。显然，可以看到，图 4-7(b) 中的单峰相位区域比图 4-7(c) 中的窄。

根据等式(4-12)，光束传输等效于具有二次啁啾的初始光束的傅里叶变换；因此，我们想知道啁啾有限能量艾里光束的动力学是什么。在本节中，我们将讨论这

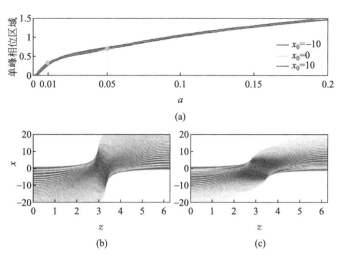

图 4-7　与图 4-6 相对应的单峰相区宽度与衰变参数 a ［图（a）、
图（b）和（c）与图 4-4(a) 相同，但超过一半的周期与
图（a）中标出的点对应，图（b）中，$a=0.01$，
图（c）中，$a=0.05$］

个主题，并考虑两种情况：线性啁啾光束和二次啁啾光束。文献［100］报道了啁啾艾里光束在光纤中的传播，其中显示了二阶色散参数与啁啾之间的关系。

具有线性啁啾的有限能量艾里光束写为[98,99]：

$$\psi(x,0)=Ai(x-x_0)\exp[a(x-x_0)]\exp(\mathrm{i}\beta x) \qquad (4\text{-}26)$$

β 是恒定的波数。显然，线性啁啾将导致空间频率域中的位移 β。因此，根据等式(4-17)和式(4-18)，可以将解写成：

$$
\begin{aligned}
\psi(x,z)=&-f(x,z)\sqrt{\mathrm{i}\frac{\pi}{b}}\exp\left(\frac{a^3}{3}\right)Ai\left(\frac{K'}{2b}-\frac{1}{16b^2}+\mathrm{i}\frac{a}{2b}-x_0\right)\times\\
&\exp\left[\left(a+\frac{\mathrm{i}}{4b}\right)\left(\frac{K'}{2b}-\frac{1}{16b^2}+\mathrm{i}\frac{a}{2b}-x_0\right)\right]\times\\
&\exp\left[-\mathrm{i}\frac{K'^2}{4b}-\frac{1}{3}\left(a+\frac{\mathrm{i}}{4b}\right)^3\right]
\end{aligned}
\qquad (4\text{-}27)
$$

艾里光束的传播
特性研究

其中，$K' = K - \beta$。很明显，周期 $\mathscr{D}$ 没有变化，相变点仍然是周期 1/4 的奇数整数倍。在相变点，我们有

$$\psi\left(x, z = \frac{2m+1}{4}\mathscr{D}\right) = \sqrt{-\mathrm{i}\frac{s\alpha}{2\pi}}\exp[-\mathrm{i}x_0(\alpha x - b)]$$

$$\exp[-a(\alpha x - \beta)^2]\times$$

$$\exp\left\{\frac{a^3}{3} + \mathrm{i}\frac{s}{3}[(\alpha x - \beta)^3 - 3a^2(\alpha x - \beta)]\right\}$$

$$(4\text{-}28)$$

在图 4-8 中，具有不同横向位移的线性啁啾有限能量艾里光束的强度显示为传播距离的函数。在图 4-8 中，$\beta = 5$ 是固定的，而位移从 -10 到 10。与图 4-5 所示的结果相比，可以看到周期和相变点都没有变化，但光束轮廓的中心点发生了变化，这与分析结果非常吻合。

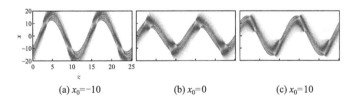

(a) $x_0 = -10$ (b) $x_0 = 0$ (c) $x_0 = 10$

图 4-8　具有线性啁啾和不同横向位移的有限能量艾里光束的传输（其他参数包括 $a = 0.1$、$\alpha = 0.5$ 和 $\beta = 5$）

值得一提的是，线性啁啾光束相当于斜入射光束。对于自由空间中倾斜入射的艾里光束，众所周知，它表现出类似于弹丸运动的弹道特性[100]。然而，如图 4-8 所示，在抛物线势的存在下，这种弹道特性是不存在的。与图 4-4(a)、图 4-5(a2) 和图 4-5(b2) 相比，我

们发现图 4-8 中的轨迹被极大地调制。从数学上讲，轨迹由下式决定：

$$x = \frac{1}{4\alpha^2} \times \frac{\sin^2(\alpha z)}{\cos(\alpha z)} + x_0\cos(\alpha z) + \frac{\beta}{\alpha}\sin(\alpha z) \quad (4\text{-}29)$$

右边的第三项来自线性啁啾。

如果初始的有限能量艾里光束带有二次啁啾，它可以写成：

$$\psi(x,0) = Ai(x-x_0)\exp[a(x-x_0)]\exp(\mathrm{i}\beta x^2) \quad (4\text{-}30)$$

将这个初始光束插入等式(4-12)，我们得到：

$$\psi(x,z) = f(x,z)\int_{-\infty}^{+\infty}[\psi(\xi,0)\exp(\mathrm{i}b'\xi^2)]\exp(-\mathrm{i}K\xi)\mathrm{d}\xi$$

$$(4\text{-}31)$$

$b' = b + \beta$。这个解仍然是初始光束的傅里叶变换，具有二次啁啾。因此，根据等式(4-22)，解析解可以写成：

$$\psi(x,z) = -f(x,z)\exp\left(\frac{a^3}{3}\right)Ai\left(\frac{K}{2b'} - \frac{1}{16b'^2} + \mathrm{i}\frac{a}{2b'} - x_0\right) \times$$

$$\exp\left[\left(a + \mathrm{i}\frac{a}{4b'}\right)\left(\frac{K}{2b'} - \frac{1}{16b'^2} + \mathrm{i}\frac{a}{2b'} - x_0\right)\right] \times$$

$$\exp\left[-\mathrm{i}\frac{K}{4b'} - \frac{1}{3}\left(a + \mathrm{i}\frac{a}{4b'}\right)^3\right] \quad (4\text{-}32)$$

由于 β 是一个常数，等式(4-32)的周期仍然是 $\mathscr{D}$，但是相变点不同。如果让 $b' = 0$，则相变点如下：

$$z = \frac{1}{\alpha}\arctan\left(-\frac{\alpha}{2\beta}\right) + \frac{m}{2}\mathscr{D} \quad (4\text{-}33)$$

如果在式(4-33)中让 $\beta \to 0$，相变点趋于 $(2m+1)\mathscr{D}/4$。考虑到相变点处的光束仍然是初始光束的傅里叶变换（不包括二次啁啾），该点处的光束仍然可以用式(4-23)

表示。至于轨迹，现在是

$$x = \frac{\sin^2(\alpha z)}{4\alpha[\alpha\cos(\alpha z) + 2\beta\sin(\alpha z)]} +$$

$$[\alpha\cos(\alpha z) + 2\beta\sin(\alpha z)]x_0 \qquad (4\text{-}34)$$

与等式(4-24)和式(4-26)中所示的轨迹相比，二次啁啾的影响不可忽略；另一方面，等式(4-34)的相变点不再像等式(4-18)、等式(4-24)和等式(4-26)中那样是 $z = (2m+1)\mathscr{D}/4$。实际上，这个点可以在一个复杂的代数之后得到，并且是等式(4-33)中显示的那个。

在图 4-9 中，我们展示了具有二次啁啾和不同横向位移的传播光束的数值模拟。可以清楚地看到，相变点和这些点的光束分布与分析预测一致。

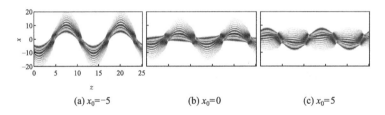

(a) $x_0 = -5$　　　　(b) $x_0 = 0$　　　　(c) $x_0 = 5$

图 4-9　具有二次啁啾的有限能量艾里光束在不同横向位移下的传输（其他参数为 $a = 0.1$、$\alpha = 0.5$ 和 $\beta = 0.2$）

最后，将分析扩展到二维情况，控制光束传播的方程可以写成：

$$i\frac{\partial\psi}{\partial z} + \frac{1}{2}\left(\frac{\partial^2\psi}{\partial x^2} + \frac{\partial^2\psi}{\partial y^2}\right) - V(x,y)\psi = 0 \qquad (4\text{-}35)$$

其中

$$V(x) = \frac{1}{2}\alpha^2(x^2 + y^2) \qquad (4\text{-}36)$$

等式(4-35) 的解可以写成 $\psi(x,y,z)=X(x,z)Y(y,z)$，并使用分离变量法获得[101,102]。因此，等式(4-35) 可以被改写为：

$$i\frac{\partial X}{\partial z}+\frac{1}{2}\times\frac{\partial^2 X}{\partial x^2}-\frac{1}{2}\alpha^2 x^2 X-\mu X=0 \quad (4\text{-}37)$$

和

$$i\frac{\partial Y}{\partial z}+\frac{1}{2}\times\frac{\partial^2 Y}{\partial y^2}-\frac{1}{2}\alpha^2 y^2 Y-\mu Y=0 \quad (4\text{-}38)$$

其中，μ 是分离常数。如果引入 $X(x,z)=f(x,z)\exp(-i\mu z)$ 和 $Y(y,z)=g(y,z)\exp(-i\mu z)$，等式(4-37) 和等式(4-38) 可以改写为：

$$i\frac{\partial f}{\partial z}+\frac{1}{2}\times\frac{\partial^2 f}{\partial x^2}-\frac{1}{2}\alpha^2 x^2 f=0 \quad (4\text{-}39)$$

和

$$i\frac{\partial g}{\partial z}+\frac{1}{2}\times\frac{\partial^2 g}{\partial y^2}-\frac{1}{2}\alpha^2 y^2 g=0 \quad (4\text{-}40)$$

这相当于两个一维情况。因此，二维情况可以简化为两个独立的一维情况的乘积，这使得二维情况的物理图像非常清晰。

图 4-10 描述了二维有限能量艾里光束 $\psi(x,y)=\exp(ax)Ai(x)\exp(ay)Ai(y)$ 在抛物线势中的传播，$a=0.1$，$\alpha=0.5$。在图 4-10(a) 中，可以清楚地看到二维艾里光束在传播过程中的周期反转和相变（间隙代表单峰区域）。图中还显示了光束在横截面 $x-y=0$ 中传播时的强度分布，如图 4-10(b) 所示，这与图 4-4(a) 非常相似。由于二维情况相当于两个一维情况的乘积，图 4-10(b) 和图 4-4(a) 之间的相似性很容易理解。

艾里光束的传播
特性研究

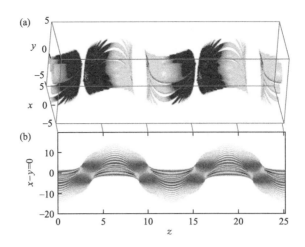

图 4-10　二维有限能量艾里光束 $\psi(x,y)=\exp(ax)Ai(x)$

$\exp(ay)Ai(y)$ 在抛物线势中的传播［图（a）为等值面图，

图（b）为横截面上的强度 $x-y=0$。

参数为：$a=0.1$ 和 $\alpha=0.5$］

4.2.2　基于矩阵光学的艾里光束相变研究

下面将利用矩阵光学方法来研究艾里光束在非均匀介质中的相变问题。

首先，考虑在初始入射平面上，艾里光束的场分布为

$$u(x,y,z=0)=Ai\left(\frac{x}{w_0}\right)Ai\left(\frac{y}{w_0}\right)\exp\left(\frac{ax}{w_0}\right)\exp\left(\frac{ay}{w_0}\right)$$

$$(4\text{-}41)$$

其中，$Ai(\cdot)$ 表示艾里函数；a 为衰减因子；w_0 为艾里光束的横向尺度因子。结合柯林斯衍射积分，可以研究艾里光束在非均匀介质中的传播，其形式如下[103]：

$$u(x,y,z) = -\frac{ik}{2\pi B} \iint u(x_1, y_1, z=0)$$

$$\times \exp\left\{\frac{ik}{2B}\left[A(x_1^2 + y_1^2) - 2(xx_1 + yy_1)\right.\right.$$

$$\left.\left. + D(x^2 + y^2)\right]\right\} \mathrm{d}x_1 \mathrm{d}y_1 \qquad (4\text{-}42)$$

其中，A、B、C、D 表示光学系统变换矩阵的矩阵元。利用艾里函数的傅里叶变换关系：

$$Ai(x) = \frac{1}{2\pi}\int \exp\left(-\frac{i}{3}u^3\right)\exp(-ixu)\mathrm{d}u \qquad (4\text{-}43)$$

以及
$$AD - BC = 1 \qquad (4\text{-}44)$$

可以得到，艾里光束在非均匀介质中的光场表达式为

$$u(x,y,z) = \frac{1}{A}\exp\left[\frac{ikC}{2A}(x^2 + y^2)\right] \times$$

$$\exp\left[\frac{ax}{Aw_0} + i\left(a^2 + \frac{x}{Aw_0}\right)\frac{B}{2Akw_0^2} - \right.$$

$$\frac{i}{12}\left(\frac{B}{Akw_0^2}\right)^3 - \frac{a}{2}\left(\frac{B}{Akw_0^2}\right)^2\right] \times \exp\left[\frac{ay}{Aw_0} + \right.$$

$$i\left(a^2 + \frac{y}{Aw_0}\right)\frac{B}{2Akw_0^2} - \frac{i}{12}\left(\frac{B}{Akw_0^2}\right)^3 - $$

$$\frac{a}{2}\left(\frac{B}{Akw_0^2}\right)^2\right] \times Ai\left[\frac{x}{Aw_0} - \left(\frac{B}{2Akw_0^2}\right)^2 + \right.$$

$$\frac{iaB}{Akw_0^2}\right]Ai\left[\frac{y}{Aw_0} - \left(\frac{B}{2Akw_0^2}\right)^2 + \frac{iaB}{Akw_0^2}\right]$$

$$(4\text{-}45)$$

如果考虑艾里光束在类透镜非均匀介质中传播，假设其折射率分布为 $n(x) = n_0(1 - \alpha x^2)$，其变换矩阵为

$$\begin{pmatrix} A & B \\ C & D \end{pmatrix} = \begin{pmatrix} \cos(z\sqrt{2\alpha}) & \sin(z\sqrt{2\alpha})/\sqrt{2\alpha} \\ -\sqrt{2\alpha}\sin(z\sqrt{2\alpha}) & \cos(z\sqrt{2\alpha}) \end{pmatrix}$$

$$(4\text{-}46)$$

其中，α 为类透镜介质的梯度折射率系数。将之代入光场表达式，可以得到

$$u(x,y,z)=b\exp[ikK\alpha(x^2+y^2)]\times$$

$$\exp\left[\frac{abx}{w_0}+\mathrm{i}\left(a^2+\frac{bx}{w_0}\right)\frac{K}{2kw_0^2}-\frac{\mathrm{i}}{12}\left(\frac{K}{kw_0^2}\right)^3-\right.$$

$$\left.\frac{a}{2}\left(\frac{K}{kw_0^2}\right)^2\right]\times\exp\left[\frac{aby}{w_0}+\mathrm{i}\left(a^2+\frac{by}{w_0}\right)\frac{K}{2kw_0^2}-\right.$$

$$\left.\frac{\mathrm{i}}{12}\left(\frac{K}{kw_0^2}\right)^3-\frac{a}{2}\left(\frac{K}{kw_0^2}\right)^2\right]\times Ai\left[\frac{bx}{w_0}-\left(\frac{K}{2kw_0^2}\right)^2+\right.$$

$$\left.\frac{\mathrm{i}aK}{kw_0^2}\right]Ai\left[\frac{by}{w_0}-\left(\frac{K}{2kw_0^2}\right)^2+\frac{\mathrm{i}aK}{kw_0^2}\right] \qquad (4\text{-}47)$$

其中，$b=1/\cos(\sqrt{2\alpha}\,z)$，$K=\tan(\sqrt{2\alpha}\,z)/\sqrt{2\alpha}$。根据这个表达式，可以得到艾里光束的传播轨迹表达式为

$$x=\frac{1}{8\alpha kw_0^3}\times\frac{\sin^2(\sqrt{2\alpha}\,z)}{\cos(\sqrt{2\alpha}\,z)} \qquad (4\text{-}48)$$

$$y=\frac{1}{8\alpha kw_0^3}\times\frac{\sin^2(\sqrt{2\alpha}\,z)}{\cos(\sqrt{2\alpha}\,z)} \qquad (4\text{-}49)$$

从这个表达式可以看出，艾里光束在类透镜非均匀介质中的传播是一种周期性的传播。但是，可以明显看出在传播中存在一些奇点位置，如 $\cos(\sqrt{2\alpha}\,z)=0$，或 $z=(2m+1)T/4$，$T=2\pi/\sqrt{2\alpha}$。在奇点位置，就不能采用上述场解来描述。这就要求重新利用柯林斯积分来计算在奇点位置的场分布情况。得到，在奇点位置，$\cos(\sqrt{2\alpha}\,z)=0$，并且 $z=(2m+1)T/4$，因此得到 $A=0$，$D=0$，$B=\pm 1/\sqrt{2\alpha}$。利用在奇点位置的变换矩阵矩阵元，可以将柯林斯衍射积分简化为

$$u(x,y,z)=-\frac{\mathrm{i}k}{2\pi B}\iint u(x_1,y_1,z=0)$$

$$\exp\left[-\frac{\mathrm{i}k}{B}(xx_1+yy_1)\right]\mathrm{d}x_1\mathrm{d}y_1 \quad (4\text{-}50)$$

因此可以得到在奇点位置的光场分布为

$$u(x,y,z)=-\frac{\mathrm{i}sk\ \sqrt{2\alpha}\,w_0^2}{2\pi}\exp\left[-a(k\sqrt{2\alpha}w_0)^2(x^2+y^2)\right]\times$$

$$\exp\left\{\frac{2a^2}{3}+\frac{\mathrm{i}s}{3}\left[(k\sqrt{2\alpha}w_0)^3(x^3+y^3)-\right.\right.$$

$$\left.\left.3a^2k\sqrt{2\alpha}w_0(x+y)\right]\right\} \quad (4\text{-}51)$$

其中，$s=1$ 表示 m 为奇数且 $B=1/\sqrt{2\alpha}$，$s=-1$ 表示 m 为偶数且 $B=-1/\sqrt{2\alpha}$。可以看出，在奇点位置，其光场分布与其他位置有着明显的不同。当 $z=(2m+1)T/4$ 时，光场分布呈现出一种高斯分布特征，而当 $z\neq(2m+1)T/4$ 时，光场分布呈现出一种艾里分布特征，如图 4-11 所示。这就意味着，艾里光束在类透镜介质中传播时，其光场特征发生着周期性的变化，不断地从艾里分布特征向高斯分布特征变化。这种艾里光束光场分布的周期性变化可以称为艾里光束在非均匀介质中的相变。

(a) $z=5.5\lambda$ (b) $z=11\lambda$ (c) $z=16.5\lambda$

图 4-11　艾里光束在二次指数介质中不同观察平面的光强分布

在相变过程中，其强度的演化如图 4-12 所示。可以看出，在传播过程中，除了光场分布的相变之外，其艾里光束的自加速方向也在发生着明显的改变，每经过一次相变点位置，其自加速方向就发生一次改变。

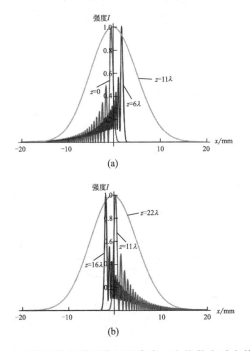

图 4-12 在临界位置前后艾里光束在二次指数介质中传输的
归一化强度分布（$z = T/4 = 11\lambda$）

从艾里光束在类透镜介质中的传播轨迹可以看出，其传播轨迹与艾里光束的衰减因子没有任何的关系。那么这是否意味着衰减因子对艾里光束在非均匀介质中的传播没有任何的影响呢？事实并非如此。在图 4-13 中分别表示了在不同衰减因子情况下的艾里光束在类透镜介质中的光场演化情况。可以看出，衰减因子不同对艾里光束的相变有着明显的影响，衰减因子越大，其艾里光束的光场分布越早向高斯光场分布演变。

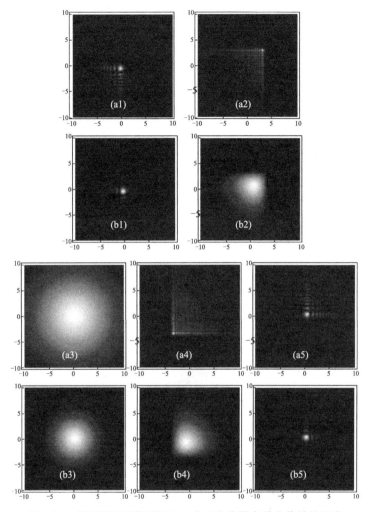

图 4-13　在不同的观察平面上，在二次指数介质中传播的具有

不同衰减因子［图（a1）～（a5） $a=0.05$，图（b1）～（b5）

$a=0.2$］的艾里光束的强度分布［图（a1）和图（b1）

$z=0$，图（a2）和图（b2） $z=7\lambda$，图（a3）和图（b3）

$z=11\lambda$，图（a4）和图（b4） $z=16\lambda$，图（a5）

和图（b5） $z=22\lambda$］

艾里光束的传播
特性研究

第5章
艾里光束的自旋输运研究

5.1 光的自旋霍尔效应和贝里相位

在这一章中，首先简单介绍极化光在非均匀介质中传播时由自旋-轨道相互作用所导致的两个效应：自旋霍尔效应和贝里（Berry）相位。然后简要介绍几个在半经典的几何光学范围内研究极化光在非均匀介质中极化演化的理论方法。

5.1.1 非均匀介质中的自旋霍尔效应

在传统的几何光学中，光的传播轨迹可以由光线方程来描述[104,105]。在非均匀介质中，由于介质的非均匀性（折射率梯度的存在）使光在介质中传播时其传播轨迹发生弯曲，这种演化与电子在外场中的行为类似。在利用几何光学方法研究极化光在介质中的演化时，介质折射率的梯度可以等效为作用在光子上的力，而光子的自旋则与光的极化紧密联系。几何光学方法可以看作是描述光子动力学行为的半经典（半量子）方法，在这种情况下光线方程也可以称为光子的运动方程。我们知道，在几何光学中只考虑几何光学参量零阶近似的情况下，光的极化与传播相互独立，并不会相互影响。如果考虑自旋-轨道相互作用的影响，就需要考虑几何光学参量的一阶近似。光的传播方向的改变是由介质非均匀性导致的，从而诱导了自旋-轨道相互作用的产生[106-109]。自旋-轨道相互作用导致两个与极化相关的可观测效应，即光的自旋霍尔效应[110-125]和贝里几何相位[126,127]，分别表现为极化光的传播轨迹在正交于传播方向和折射率梯度的方向上产生横向偏移，和线性极化光经过一个周期演化后其极化面并不与初始极化面重合而是产生了一定的偏转。这两个效应也是自旋输运效应所包含的两个重要研究内容。

在几何光学近似下，光的粒子性特征可以用哈密顿动力学方法来描述。麦克斯韦方程可以写成类薛定谔形式，从而得到光子的哈密顿量。在考虑了光与物质相互作用之后，在几何光学近似下，哈密顿量中将会出现与极化和几何光学参量 μ 相关的修正项，其 μ 的一阶和二阶修正项分别对应于自旋-轨道相互作用修正和自旋-自旋相互作用修正[128]。如何得到包含自旋-轨道耦合修正光子哈密顿量已经成为研究光子自旋动力学演化的关键。下面首先简单介绍由自旋-轨道相互作用所导致的两个可观测效应：自旋霍尔效应和贝里几何相位。然后简要介绍几个国外小组研究光的自旋输运所采用的半经典理论方案。

传统的电荷霍尔效应指的是，当电流通过磁场中的导体时，在垂直于电流和磁场方向上的导体两侧会出现电势差。其本质上是由于运动中的电荷在磁场中受到洛伦兹力的作用而产生横向运动的结果。在传统的电荷霍尔效应基础之上，关于量子霍尔效应的研究对现代物理学的发展产生了重大的影响。德国物理学家冯·克利青（Von Klitzing）因发现整数量子霍尔效应[129]而获得1985 年的诺贝尔物理学奖，美籍华裔物理学家崔琦因发现分数量子霍尔效应[130]及其研究获得了 1998 年的诺贝尔物理学奖。

电子除了具有电荷，还具有自旋自由度。在外加电场中，材料中的自旋向上的电子和自旋向下的电子由于各自所形成的磁矩方向相反，各自向相反的方向累积，这就是电子的自旋霍尔效应[131-167]，其本质上是由电子的自旋-轨道相互作用所造成的。最近几年，它已经成为凝聚态物理中一个十分热门的领域，并且随着研究的深入，已经逐渐形成了一门新的学科——自旋电子学（Spintronics）[168,169]。

光子（电磁波）和电子一样也具有自旋角动量和轨道角动量[170]。类比于电子，可以自然联想到光的自旋-轨道相互作用也将导致光的自旋霍尔效应。在非均匀介质中，光的传播方向的改变是由介质折射率梯度所引导的。在这种情况下，介质的折射率相当于作用于光子的外场，而折射率的梯度则相当于外场施加于光子的作用力。由于光子的自旋轴的方向与传播方向一致，因而如果光在非均匀介质中的传播方向发生改变的话，也将会改变光的自旋态，其自旋角动量也发生相应的变化。按照角动量守恒的要求，自旋角动量＋轨道角动量＝恒量，自旋角动量的变化需要轨道角动量做出相应的变化来补偿。这将会导致不同自旋态的光子产生相反的横向位移（轨道变化），这个现象就是光的自旋霍尔效应。

极化光在非均匀介质中传播时，自旋霍尔效应表现为传播轨迹在正交于传播方向和折射率梯度的方向上发生与极化相关的横向位移。线性极化光可以看作是左旋圆极化光与右旋圆极化光的等量叠加，所以当线性极化光在非均匀介质中传播时会发生光的传播轨迹分裂的现

象，如图 5-1 所示。在此情况下，光子运动方程可以表示为（或者光线方程）

$$\dot{r} = \frac{p}{p} + \lambda_0 s \frac{\dot{p} \times p}{p^3} \tag{5-1}$$

$$\dot{p} = \nabla n \tag{5-2}$$

其中，$s = \pm 1$ 表示右旋或者左旋圆极化光螺旋度；$\lambda_0 = \lambda_0/2\pi = c/\omega$；$\lambda_0$ 是光在真空中的波长。在方程 (5-1) 中，右边第一项描述了在不考虑极化的情况下的传播轨迹，而第二项修正项是与极化相关的，描述了光线的横向偏折（光的自旋霍尔效应）。在两种不同介质的交界面上（折射率发生突变）[171,172]，光的自旋霍尔效应表现为反射光或折射光将产生与极化相关的且与入射面正交的横向位移，如图 5-2 所示。这个现象实际上在20 世纪 50 年代已经被提出，即 I-F 位移（Imbert-Fedorov shift）[173]，并且相继被实验观测所证实。

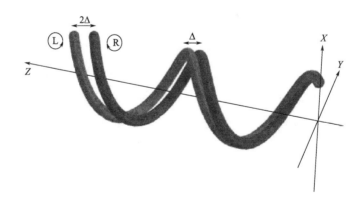

图 5-1　光子的自旋霍尔效应：光线轨迹受到
光子自旋的影响，左旋和右旋圆极化光
传播轨迹向相反方向分裂[50,53]

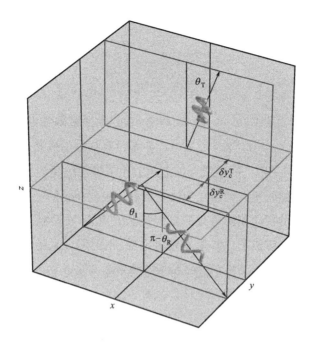

图 5-2 极化光在交界面上的自旋霍尔效应：
光在交界面上的反射和折射过程中
与极化相关的横向位移

在两种介质的交界面上光的自旋霍尔效应所表现出来的横向位移很小，通常在亚波长尺度，实验上一般很难观察到。2008 年，Hosten 和 Kwiat 采用弱测量的方法探测到了激光在空气-玻璃界面上发生的横向位移[172]。同年，Bliokh 等人也通过实验观测到了光的自旋霍尔效应[100]，其课题组利用光在圆柱形的玻璃中发生多次全反射，相当于光线沿螺旋线传播，在这个过程中横向位移不断累积，最终其量级可以达到微米量级。

5.1.2 绝热演化与贝里几何相位

1984 年贝里几何相位首次提出之后，关于量子系统几何相的研究一直都是物理学界的研究热点[174-176]。极化光在非均匀介质中的传播过程中，自旋-轨道相互作用除了导致自旋霍尔效应之外，还将导致贝里几何相位的出现，并且也是一个可观测效应。在这一节，先来简单介绍贝里几何相位。

根据贝里的定义，贝里几何相位指的是量子系统在其绝热演化过程中出现一个不可积的相位，其表达式可以写为

$$\gamma_m = \oint_C dR \cdot A_m(R) \qquad (5\text{-}3)$$

其中，$A_m(R) = i\langle m,R | \nabla_R | m,R \rangle$ 为贝里联络；$|m,R\rangle$ 为量子系统在参量 R 空间本征态波函数；C 为参量 R 经历一个周期所描绘的封闭路径。利用斯托克斯定理，可以将之写成

$$\gamma_m(C) = \int_S dS \cdot \nabla_R \times A_m(R) \qquad (5\text{-}4)$$

其中，S 为 C 所围的面积；$V_R = \nabla_R \times A_m(R)$ 记为贝里曲率。可以看到，关于几何相位的问题与电磁学十分相似。假如 A 可以表示为一个标量函数的梯度，$A = \nabla \phi$，而 ϕ 又到处无奇性的话，则贝里几何相位必定为零，这就相当于电磁学中 A 为纯规范的情况。在贝里几何相位不为零的时候，会出现一个十分有趣的现象，在参量 R 空间的"磁场"V 会出现类"磁单极"的组态（在普通空间尚未发现类似的"磁单极"）。

下面在参量 R 空间来计算"磁单极"势场 V[177]。

根据贝里曲率的定义

$$
\begin{aligned}
(\nabla_R \times A)_i &= i(\nabla_R \times \langle m,R | \nabla_R | m,R \rangle)_i \\
&= i\varepsilon_{ijk} \partial_j (\langle m,R | \partial_k | m,R \rangle)_i \\
&= i\varepsilon_{ijk} (\partial_j \langle m,R |)(\partial_k | m,R \rangle)_i \\
&= i[(\nabla_R \langle m,R |) \times (\nabla_R | m,R \rangle)]_i
\end{aligned} \tag{5-5}
$$

贝里几何相位可以写成

$$
\begin{aligned}
\gamma_m(C) &= i\int_s dS \cdot [(\nabla_R \langle m,R |) \times (\nabla_R | m,R \rangle)] \\
&= \sum_n i\int_s dS \cdot [(\nabla_R \langle m,R |) | n,R \rangle \times \\
&\quad \langle n,R | \nabla_R | m,R \rangle]
\end{aligned} \tag{5-6}
$$

其中插入了完备性条件 $\sum_n | n,R \rangle \langle n,R | = \boldsymbol{I}$，$\boldsymbol{I}$ 为单位矩阵。在表达式(5-6) 中，其对角元 ($m=n$) 等于零。证明如下：

$$(\nabla_R \langle m,R |) | m,R \rangle + \langle m,R | \nabla_R | m,R \rangle = 0 \tag{5-7}$$

$$\mathrm{Re} \langle m,R | \nabla_R | m,R \rangle = 0 \tag{5-8}$$

所以有

$$
\begin{aligned}
&(\nabla_R \langle m,R |) | m,R \rangle + \langle m,R | \nabla_R | m,R \rangle \\
&= -\langle m,R | \nabla_R | m,R \rangle \times \langle m,R | \nabla_R | m,R \rangle \\
&= \langle m,R | \nabla_R | m,R \rangle \times (\nabla_R \langle m,R |) | m,R \rangle \\
&= -(\nabla_R \langle m,R |) | m,R \rangle \times \langle m,R | \nabla_R | m,R \rangle \\
&= 0
\end{aligned} \tag{5-9}
$$

因此只需要对 $m \neq n$ 的非对角元求和。可以得到

$$\langle n,R | \nabla_R | m,R \rangle = \frac{\langle n,R | \nabla_R H | m,R \rangle}{E_m(R) - E_n(R)}, n \neq m \tag{5-10}$$

$$(\nabla_R | m,R \rangle) \langle n,R | = \frac{\langle m,R | \nabla_R H | n,R \rangle}{E_m(R) - E_n(R)}, n \neq m \tag{5-11}$$

艾里光束的传播
特性研究

将这两个关系式代入贝里几何相位的定义式，得到

$$\gamma_m(C) = -\int_S dS \cdot V_m(R) \qquad (5\text{-}12)$$

其中

$$V_m(R) = \text{Im} \sum_{n \neq m} \frac{\langle m,R | \nabla_R H | n,R \rangle \times \langle n,R | \nabla_R H | m,R \rangle}{[E_m(R) - E_n(R)]^2}$$

$$(5\text{-}13)$$

其中利用了$\langle m,R | \nabla_R | m,R \rangle$是纯虚数的性质。这个关系式的意义是，$\gamma_m(C)$可以表达为穿过闭合曲线$C$的"磁场强度"$V_m(R)$的磁通量。

5.1.3　贝里几何相位的经典光学测量

1986 年，Chiao 和 Wu 采用了一个非常巧妙的实验方法测定了光子的贝里几何相位[178,179]。令光沿一螺旋光纤传播，如图 5-3 所示，由于光子的自旋为 1，其只有两个横向分量。光子螺旋度的定义为

$$s_k = s \cdot k = \pm 1 \qquad (5\text{-}14)$$

其中，k 为光子的传播方向。

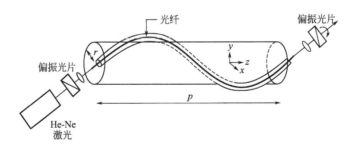

图 5-3　测量光子贝里几何相位实验示意图[93]

光子沿螺旋光纤运动，k 的方向也就是光纤的切线方向。当单模线性极化光在螺旋光纤中传播时，在动量空间（k 空间）中，光子的定态方程为

$$s \cdot k \mid k(\tau)\rangle = s_k \mid k(\tau), s_k\rangle \qquad (5\text{-}15)$$

其中，$s_k = \pm 1$；$k(\tau)$ 为光子在光纤中某一点的动量矢量。当 τ 沿螺旋光纤改变时，$k(\tau)$ 在动量空间中描绘出一个二维球面。光子沿光路不发生 $s_k = +1$ 与 $s_k = -1$ 之间的跃迁，使我们可以采用绝热近似假设。令 τ 邻近一点处光子动量为 k'，则有

$$k' = \hat{R}(\theta) k \qquad (5\text{-}16)$$

其中，$\hat{R}(\theta)$ 为转动算子，转角为 θ，转动方向单位矢量为 $\hat{n}$，有 $\boldsymbol{\theta} = \theta \cdot \hat{n}$，因此

$$\mid s_k, k'\rangle = e^{-i\theta \cdot s} \mid s_k, k\rangle \qquad (5\text{-}17)$$

即 $\mid s_k, k'\rangle$ 的相位与 $\mid s_k, k\rangle$ 的相位差了 $\theta \cdot S$，这一相位是由于光子极化矢量 S 转了 θ 角产生的，如图 5-4 所示，所以有

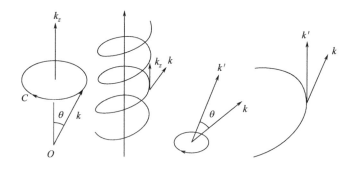

图 5-4　光子沿螺旋光纤传播波矢变化示意图

$$k' = k + \Delta k \qquad (5\text{-}18)$$

$$\theta = (k \times k')/k^2 = (k \times \Delta k)/k^2 \qquad (5\text{-}19)$$

　艾里光束的传播
特性研究

$$\frac{\partial}{\partial \boldsymbol{k}}|s_k,\boldsymbol{k}\rangle \mathrm{d}\boldsymbol{k}=\mathrm{i}\frac{\boldsymbol{k}\times \boldsymbol{S}}{k^2}|s_k,\boldsymbol{k}\rangle \mathrm{d}\boldsymbol{k} \qquad (5\text{-}20)$$

根据贝里几何相位的公式

$$\gamma_{s_k}=\oint_C \langle s_k,\boldsymbol{k}|\partial_k|s_k,\boldsymbol{k}\rangle \cdot \mathrm{d}\boldsymbol{k}$$

$$=\int_S \langle s_k,\boldsymbol{k}|\partial_k \times \partial_{k'}|s_k,\boldsymbol{k}'\rangle \mathrm{d}\boldsymbol{S} \qquad (5\text{-}21)$$

其中，C 为动量空间中 $\boldsymbol{k}$ 旋转一周所绘曲线；$\boldsymbol{S}$ 为 C 所围成的曲面，得到

$$\gamma_{s_k}=-\oint_C \frac{1}{k^4}\langle s_k,\boldsymbol{k}|\boldsymbol{k}\cdot(s\times s')|s_k,\boldsymbol{k}\rangle \mathrm{d}\tau$$

$$(5\text{-}22)$$

因为 $\boldsymbol{S}\times \boldsymbol{S}'=\mathrm{i}k$，所以

$$\gamma_{s_k}=-s_k\,\mathrm{i}\oint_C \frac{\boldsymbol{k}}{k^3}\mathrm{d}\tau \qquad (5\text{-}23)$$

即

$$\gamma_{s_k}(C)=-s_k\Omega(C) \qquad (5\text{-}24)$$

其中，$\Omega(C)$ 为回路 C 所张的立体角，其顶点 $k=0$。

$$\Omega(C)=2\pi N(1-\cos\theta) \qquad (5\text{-}25)$$

其中，N 为螺线光纤的总圈数。

下面将贝里几何相位与可直接测量的光学量联系起来。

当线性极化的单模光入射到一圈的螺旋光纤时，光子的初态为

$$|\chi\rangle=\frac{1}{\sqrt{2}}(|+\rangle+|-\rangle) \qquad (5\text{-}26)$$

$|\pm\rangle$ 表示光子的螺旋度本征态，可以将上式写为

$$|\chi\rangle=\frac{1}{\sqrt{2}}(\mathrm{e}^{\mathrm{i}\gamma+}|+\rangle+\mathrm{e}^{-\mathrm{i}\gamma+}|-\rangle) \qquad (5\text{-}27)$$

其中 γ_+ 就是不同螺旋态的光子贝里几何相位，由式(5-26) 和式(5-27) 可以得到

$$|\langle \chi | \chi' \rangle|^2 = \cos^2\gamma_+ \qquad (5\text{-}28)$$

这表示经过一个周期演化之后，出射光的偏振面与入射光相比旋转了一个角度 γ_+，即

$$\gamma_+ = -2\pi(1-\cos\theta) \qquad (5\text{-}29)$$

Tomita 和 Chiao 在此基础上进行了实验[179]。如图 5-5 所示，He-Ne 激光经线偏振器进入光纤，线性极化态为右旋态 $s_k = +1$ 和左旋态 $s_k = -1$ 的等量叠加。经过一个周期后，光子动量 $\boldsymbol{k}$ 方向回到初始方向，两种极化光由于贝里几何相位的符号相反而产生了相差，使得合成后的线性极化光的极化面发生旋转。均匀缠绕的螺旋光纤在打开的圆柱面上，如图 5-5 所示，光纤长为 l，圆柱长为 p，θ 是光纤方向与螺旋轴方向之间的夹角，称为顶角，其关系为

$$\cos\theta = \frac{p}{l} \qquad (5\text{-}30)$$

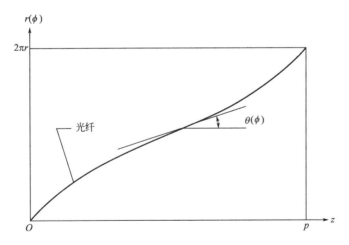

图 5-5　打开的螺旋光纤示意图

艾里光束的传播
特性研究

因此得到

$$\gamma(C) = -2\pi s_k \left(1 - \frac{p}{l}\right) \tag{5-31}$$

实验结果显示线性极化光极化面的旋转角度与立体角成线性关系，这与理论相符合。这是一个利用极化光来验证贝里几何相位的著名实验。

自 1984 年贝里几何相位被提出以后，它已经渗透到物理学的各个领域，并且出现了大量的与之相关的研究工作。本章主要讨论极化光在非均匀介质中传播过程中所涉及的几何相位问题。

5.2　基于复几何光学的高斯光束演化

复几何光学（Complex Geometrical Optics，CGO）是一种拓展的几何光学方法。与前一节介绍的非均匀介质中的几何光学相比较，在复几何光学中的程函 ψ 为复数，同样振幅 A 也为复数。正是因为程函和振幅中虚部的引入，使得复几何光学可以很方便地研究高斯光束在介质中的传播[180-182]。

复几何光学有两种等效的形式：基于光线的复几何光学（the ray-based CGO）和基于程函的复几何光学（the eikonal-based CGO）。下面将分别利用这两种不同的形式来讨论高斯光束在自由空间中传播的情况。

首先介绍基于光线的复几何光学。在这种情况下，光线方程中的坐标表示需要用复数来表示。引入随光线共动的坐标系 (ξ,η,τ)，程函方程和零阶振幅输运方程的解可以写为

$$\psi(r)=\psi^0(\xi,\eta)+\int_0^\tau \varepsilon(\xi,\eta,\tau')\mathrm{d}\tau' \qquad (5\text{-}32)$$

$$A_0=\frac{A_0^0(\xi,\eta)}{\sqrt{\Im}} \qquad (5\text{-}33)$$

其中

$$\Im=\frac{D(\tau)}{D(0)} \qquad (5\text{-}34)$$

描述了复光线束的发散程度。$D(\tau)$ 为复光线坐标 (ξ,η,τ) 与笛卡儿 (x,y,z) 之间的 Jacobian 变换关系。

$$D(\tau)=\frac{\partial(x,y,z)}{\partial(\xi,\eta,\tau)} \qquad (5\text{-}35)$$

因此，电磁波场可以表示为

$$u(r)=A\,\mathrm{e}^{\mathrm{i}k_0\psi}$$
$$=\frac{u^0(\xi,\eta)}{\sqrt{\Im}}\exp\left(\mathrm{i}k_0\int_0^\tau \varepsilon\,\mathrm{d}\tau\right) \qquad (5\text{-}36)$$

简单起见，考虑在二维情况下，在自由空间中 $z=0$ 平面处初始场可以表示为

$$u^0(\xi,0)=\exp\left(-\frac{\xi^2}{2w_0^2}\right)$$
$$=\exp\left(-\frac{k_0\xi^2}{2a_R}\right) \qquad (5\text{-}37)$$

其中，$w_0\gg\lambda$，$a_R=k_0w_0^2\gg w_0$。这就使得

$$A^0=1 \qquad (5\text{-}38)$$

$$\psi^0(\xi)=\frac{\mathrm{i}\xi^2}{2a_R}=\frac{\mathrm{i}\xi^2}{2k_0w_0^2} \qquad (5\text{-}39)$$

在自由空间中，光线可以表示为

$$x = \xi + p_x^0 \tau \tag{5-40}$$

$$z = p_z^0 \tau \tag{5-41}$$

初始的动量分量可以通过前面的关系式得到

$$p_x^0 = \frac{\partial \psi^0}{\partial \xi} = \frac{\mathrm{i}\xi}{a_R} \tag{5-42}$$

$$p_z^0 = \sqrt{1 - (p_x^0)^2} = \sqrt{1 + \frac{\xi^2}{a_R^2}} \tag{5-43}$$

可以得到

$$\frac{x - \xi}{z} = \frac{\mathrm{i}\xi}{a_R \sqrt{1 + \xi^2 / a_R^2}} \tag{5-44}$$

当 $|\xi| = a_R$ 时，通过上面的方程可以得到关于 ξ 的线性关系：

$$\xi \approx x \left(1 + \frac{\mathrm{i}z}{a_R}\right)^{-1} \tag{5-45}$$

ξ 确定下来，就可以得到

$$\tau = \frac{z}{p_z^0} = \frac{z}{\sqrt{1 + \xi^2 / a_R^2}} \approx z \left(1 - \frac{\xi^2}{2a_R^2}\right) \tag{5-46}$$

联立 $\psi = \psi^0(\xi) + \tau$，得到

$$\psi \approx \frac{\mathrm{i}\xi^2}{2a_R} + z \left(1 - \frac{\xi^2}{2a_R^2}\right)$$

$$= z + \frac{\mathrm{i}\xi^2}{2a_R^2}\left(1 + \frac{\mathrm{i}z}{a_R}\right) \tag{5-47}$$

利用 ξ 的表达式，得到

$$\psi \approx z + \frac{\mathrm{i}x^2}{2a_R}\left(1 + \frac{\mathrm{i}z}{a_R}\right)^{-1} \tag{5-48}$$

再根据前面的振幅表达式，得到

$$A = \left(1 + \frac{\mathrm{i}z}{a_R}\right)^{-\frac{1}{2}} \tag{5-49}$$

最终得到电磁场表达形式

$$u(x,z) \approx \left(1 + \frac{iz}{a_R}\right)^{\frac{1}{2}} \exp\left[ik_0 z - \frac{x^2}{2w_0^2}\left(1 + \frac{iz}{a_R}\right)^{-1}\right]$$

$$(5-50)$$

这就是基于光线的复几何光学所给出的傍轴高斯光束在自由空间中散射一维描述。

再来介绍一下基于程函的复几何光学。

在这种情况下，程函和振幅直接写成复数形式如下：

$$\psi = \psi' + i\psi'', A_0 = A_0' + iA_0'' \qquad (5-51)$$

在损耗介质中，$\varepsilon = \varepsilon' + i\varepsilon''$，从程函方程得到

$$(\nabla\psi')^2 - (\nabla\psi'')^2 = \varepsilon', 2\nabla\psi' \cdot \nabla\psi'' = \varepsilon'' \qquad (5-52)$$

同样有 $p = \nabla\psi = p' + ip''$，其中 $p' = \nabla\psi'$，$p'' = \nabla\psi''$，由此得到

$$(p')^2 - (p'')^2 = \varepsilon', 2p' \cdot p'' = \varepsilon'' \qquad (5-53)$$

零阶振幅输运方程可以写为

$$2(\nabla\psi' \cdot \nabla A_0' - \nabla\psi'' \cdot \nabla A_0'') + A_0'\Delta\psi' - A_0''\Delta\psi'' = 0$$

$$(5-54)$$

$$2(\nabla\psi'' \cdot \nabla A_0' - \nabla\psi' \cdot \nabla A_0'') + A_0'\Delta\psi'' - A_0''\Delta\psi' = 0$$

$$(5-55)$$

程函方程和零阶振幅输运方程化为一组耦合的方程组，通过对这一组方程的求解，可以用来描述光束在介质中的传播。

简单起见，考虑傍轴高斯光束在自由空间中的传播，首先引入一个近似关系

$$\frac{1}{k_0 w_0} \ll 1 \qquad (5-56)$$

艾里光束的传播
特性研究

在二维情况下，程函方程可以写成

$$\frac{\partial \psi}{\partial z} = \sqrt{1 - \left(\frac{\partial \psi}{\partial x}\right)^2} \qquad (5\text{-}57)$$

对于高斯光束，由于 $|\partial\psi/\partial x| \ll 1$，表达式(5-57)可以写成

$$\frac{\partial \psi}{\partial z} \approx 1 - \frac{1}{2}\left(\frac{\partial \psi}{\partial x}\right)^2 \qquad (5\text{-}58)$$

可以将这个方程的解写为

$$\psi(x,z) = z + \frac{1}{2}B(z)x^2 \qquad (5\text{-}59)$$

将之代入程函方程，得到

$$\frac{\mathrm{d}B(z)}{\mathrm{d}z} = -B^2(z) \qquad (5\text{-}60)$$

可以得到

$$B(z) = \frac{1}{z - \mathrm{i}k_0 w_0^2} = \frac{1}{z - \mathrm{i}a_\mathrm{R}} \qquad (5\text{-}61)$$

由此，程函可以写成

$$\psi(x,z) = z + \frac{x^2/2}{z - \mathrm{i}k_0 w_0^2}$$

$$= z + \frac{x^2/2}{z - \mathrm{i}a_\mathrm{R}} \qquad (5\text{-}62)$$

再来看零阶振幅输运方程。可以将之写成如下形式：

$$\nabla \cdot (A^2 \nabla \psi)$$

$$= \frac{\partial A^2}{\partial z} \times \frac{\partial \psi}{\partial z} + \frac{\partial A^2}{\partial x} \times \frac{\partial \psi}{\partial x} + A^2\left(\frac{\partial^2 \psi}{\partial z^2} + \frac{\partial^2 \psi}{\partial x^2}\right)$$

$$= \frac{\partial A^2}{\partial z}\left[1 + \left(\frac{\mathrm{d}B}{\mathrm{d}z} \times \frac{x^2}{2}\right)\right] + \frac{\partial A^2}{\partial x}(Bx)$$

$$+ A^2\left[B + \left(\frac{\mathrm{d}^2 B}{\mathrm{d}z^2} \times \frac{x^2}{2}\right)\right] = 0 \qquad (5\text{-}63)$$

利用条件 $1/k_0w_0 \ll 1$，将上式化简为

$$\frac{\partial A^2}{\partial z} + A^2 B(z) = 0 \qquad (5\text{-}64)$$

得到

$$A(z) = A(0)\sqrt{B(z)/B(0)}$$
$$= A(0)\left(1 + \frac{\mathrm{i}z}{k_0 w_0^2}\right)^{-1/2} \qquad (5\text{-}65)$$

可以看到基于光线和基于程函的复几何光学在描述傍轴光束在自由空间中的传播时得到了相同的结果，这两种不同的描述形式完全是等价的。

5.3 基于矩阵光学的傍轴光束传播

在这一节中，将介绍基于矩阵光学方法的自旋光输运行为研究。矩阵光学研究方法是基于几何光学的一种研究方法。光波在不同的光学系统中的传播可以看作是光在不同的光学系统作用下的变换，在这里所说的光学介质包括均匀介质（真空）、非均匀介质、各向异性介质以及由不同介质构成的各种形状的介质界面。常见的有各种光学棱镜、透镜和由它们组成的复杂光学系统，它们都可以看作是上述各种介质和界面的组合。几何光学中经常遇到的光线传播问题都可以归结为光线在各种介质及其界面或由典型光学元件组成的光学系统中的连续变换问题。因此，也可以采用矩阵光学的方法来研究

艾里光束的传播
特性研究

自旋光的输运问题。

另外需要说明的是，本章所讨论的矩阵光学方法仅限于近轴理想光学系统。理想光学系统可以简单地理解为无像差光学系统，物光线和像光线，物光线上的物点和像光线上的像点具有唯一的共轭对应关系。近轴几何光学描述的光线传播规律属于理想光学系统中光线的传播规律。近轴光线指的是离光轴很近的光线，光线在空间的角度（相对于光轴）的正弦或正切值都可以用角度本身来代替。

5.3.1 非均匀介质光学系统的传播矩阵

下面分析各种光学元件的传播矩阵。首先对光束传播进行一个符号规定：光线角度从 Z 轴方向算起，光线指向光轴 Z 上方 θ 为正，指向光轴 Z 下方 θ 为负。

（1）均匀介质层（或自由空间）

假设均匀介质层的厚度为 d，根据光线在均匀介质中传播的原理，可以写出光线矢量经过厚度为 d 的均匀介质层传播后的基矢变换关系：

$$y_2 = y_1 + d\tan\theta_1$$
$$\theta_2 = \theta_1 \tag{5-66}$$

对于近轴光线，有 $\tan\theta \approx \theta$。

$$\begin{bmatrix} y_2 \\ \theta_2 \end{bmatrix} = \begin{bmatrix} 1 & d \\ 0 & 1 \end{bmatrix} \begin{bmatrix} y_1 \\ \theta_1 \end{bmatrix} \tag{5-67}$$

因此，光学变换矩阵为

$$\boldsymbol{M} = \begin{bmatrix} 1 & d \\ 0 & 1 \end{bmatrix} \tag{5-68}$$

图 5-6 所示为光在均匀介质层的传播示意图。

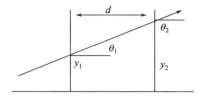

图 5-6　光在均匀介质层的传播示意图

（2）平面边界的折射

折射率分别为 n_1、n_2 的两种均匀介质构成平面界面，光线由 n_1 介质入射，折射后由 n_2 介质射出。光线基矢在折射前后的变换关系为

$$y_2 = y_1$$

$$\theta_2 = \frac{n_1}{n_2}\theta_1 \tag{5-69}$$

因此，光学变换矩阵为

$$\boldsymbol{M} = \begin{bmatrix} 1 & 0 \\ 0 & \dfrac{n_1}{n_2} \end{bmatrix} \tag{5-70}$$

图 5-7 所示为光在两种不同的均匀边界上的折射示意图。

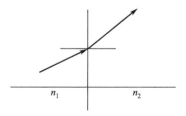

图 5-7　光在两种不同的均匀边界上的折射示意图

　艾里光束的传播
特性研究

（3）平面反射镜的反射矩阵

平面镜反射时的光线基矢变换关系为

$$y_2 = y_1$$

$$\theta_2 = \theta_1 \tag{5-71}$$

因此，光学变换矩阵为

$$\boldsymbol{M} = \begin{bmatrix} 1 & 0 \\ 0 & 1 \end{bmatrix} \tag{5-72}$$

图 5-8 所示为光在平面反射镜上的反射示意图。

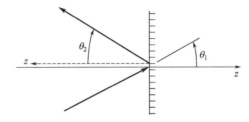

图 5-8　光在平面反射镜上的反射示意图

（4）薄透镜的透射矩阵

薄透镜的光学变换矩阵为

$$\boldsymbol{M} = \begin{bmatrix} 1 & 0 \\ -\dfrac{1}{f} & 1 \end{bmatrix} \tag{5-73}$$

图 5-9 所示为光经过薄透镜的透射示意图。

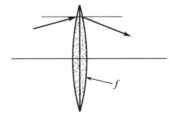

凸透镜，$f > 0$；凹透镜，$f < 0$

图 5-9　光经过薄透镜的透射示意图

（5）两种折射率球面界面的折射

在两种折射率球面界面折射时的光学变换矩阵为

$$\boldsymbol{M} = \begin{bmatrix} 1 & 0 \\ -\dfrac{(n_2 - n_1)}{n_2 R} & \dfrac{n_1}{n_2} \end{bmatrix} \tag{5-74}$$

图 5-10 所示为光在两种均匀介质的球面界面上的折射示意图。

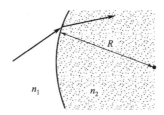

凸透镜，$R>0$；凹透镜，$R<0$

图 5-10　光在两种均匀介质的球面
界面上的折射示意图

（6）球面反射镜

在球面镜上反射时的光学变换矩阵为

$$\boldsymbol{M} = \begin{bmatrix} 1 & 0 \\ \dfrac{2}{R} & 1 \end{bmatrix} \tag{5-75}$$

图 5-11 所示为光在球面反射镜上的反射示意图。

（7）梯度折射率介质的光线变换矩阵

梯度折射率介质是一种折射率空间分布不均匀的光学介质。梯度折射率光纤是最典型的粒子，这种光纤的折射率沿光纤径向以半径的平方规律变化，即

$$n(x,y,z) = n_0 - \frac{n_2}{2}(x^2 + y^2) \tag{5-76}$$

　艾里光束的传播
特性研究

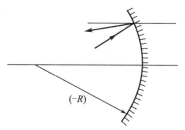

图 5-11　光在球面反射镜上的反射示意图

其中，n_0 表示 x、y 为零的光纤轴线上的折射率；n_2 为折射率的横向梯度系数。因为这种折射率的分布是轴对称的，因此也可以表示为

$$n(r)=n_0-\frac{n_2}{2}r^2 \tag{5-77}$$

光线在这种具有径向折射率梯度的光纤中传播，其传播方向总有一个变化量：

$$\frac{\mathrm{d}\boldsymbol{l}}{\mathrm{d}z}=-\frac{n_2}{n_0}\boldsymbol{r} \tag{5-78}$$

这就使得光线向光纤轴心方向偏折，类似于透镜的会聚作用，所以也常把这种介质叫作类透镜介质。

近轴近似下，光线方程可以表示为

$$\frac{\mathrm{d}}{\mathrm{d}z}\left(n_0\frac{\mathrm{d}\boldsymbol{r}}{\mathrm{d}z}\right)=\nabla n(r) \tag{5-79}$$

这里用 $\mathrm{d}/\mathrm{d}z$ 代替 $\mathrm{d}/\mathrm{d}l$。将折射率分布式（5-77）代入，可以得到光线微分方程为

$$\frac{\mathrm{d}^2r}{\mathrm{d}z^2}+\frac{n_2}{n_0}r=0 \tag{5-80}$$

选择 $z=0$ 处为光线入射面，入射光线基矢为 r_1、θ_1，则上面微分方程的解为

$$r(z) = \cos\left(\sqrt{\frac{n_2}{n_0}}\, z\right) r_1 + \sqrt{\frac{n_0}{n_2}} \sin\left(\sqrt{\frac{n_2}{n_0}}\, z\right)\theta_1 \quad (5\text{-}81)$$

$$\theta(z) = -\sqrt{\frac{n_2}{n_0}} \sin\left(\sqrt{\frac{n_2}{n_0}}\, z\right) r_1 + \cos\left(\sqrt{\frac{n_2}{n_0}}\, z\right)\theta_1 \quad (5\text{-}82)$$

因此，其光学变换矩阵为

$$\boldsymbol{M} = \begin{bmatrix} \cos\left(\sqrt{\frac{n_2}{n_0}}\, z\right) & \sqrt{\frac{n_0}{n_2}} \sin\left(\sqrt{\frac{n_2}{n_0}}\, z\right) \\ -\sqrt{\frac{n_2}{n_0}} \sin\left(\sqrt{\frac{n_2}{n_0}}\, z\right) & \cos\left(\sqrt{\frac{n_2}{n_0}}\, z\right) \end{bmatrix}$$

$$(5\text{-}83)$$

一个光学系统由多个光学元件组成，因此光学系统的传播矩阵由各个光学元件的矩阵以及光学元件之间的自由空间的矩阵 $\boldsymbol{M}_1$，$\boldsymbol{M}_2$，$\boldsymbol{M}_3$，$\cdots$，$\boldsymbol{M}_N$ 的乘积构成（如图 5-12 所示）。

$$\boldsymbol{M} = \boldsymbol{M}_N \cdots \boldsymbol{M}_3 \boldsymbol{M}_2 \boldsymbol{M}_1 \quad (5\text{-}84)$$

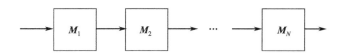

图 5-12　光经过多个光学元件组成的光学系统示意图

（1）连续平板结构的矩阵（图 5-13）

一系列折射率分别为 $n_1, n_2, n_3, \cdots, n_N$ 以及厚度分别为 $d_1, d_2, d_3, \cdots, d_N$ 的平行板垂直于 z 轴放置在空气中，其传递矩阵为

$$\boldsymbol{M} = \begin{bmatrix} 1 & \sum \dfrac{d_i}{n_i} \\ 0 & 1 \end{bmatrix} \quad (5\text{-}85)$$

艾里光束的传播
特性研究

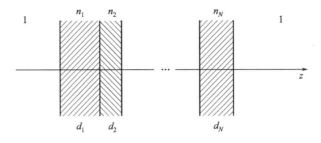

图 5-13　光经过连续平板结构的示意图

（2）传播一定距离之后经过薄透镜的矩阵（图 5-14）

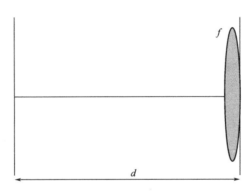

图 5-14　由自由空间和薄透镜组成的光学系统

光经过一定距离 d 之后再经过一个焦距为 f 的薄透镜，则传递矩阵为

$$
\boldsymbol{M} = \begin{bmatrix} 1 & 0 \\ -1/f & 1 \end{bmatrix} \begin{bmatrix} 1 & d \\ 0 & 1 \end{bmatrix}
$$

$$
= \begin{bmatrix} 1 & d \\ -1/f & 1-d/f \end{bmatrix} \tag{5-86}
$$

（3）薄透镜成像的矩阵（图 5-15）

透镜成像包括物到透镜的自由传播、透镜的光线偏折以及空间的自由传播三段，根据成像关系有

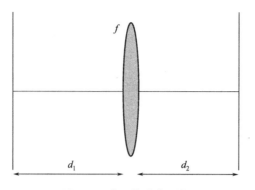

图 5-15 薄透镜成像系统

$$\frac{1}{d_1}+\frac{1}{d_2}=\frac{1}{f} \tag{5-87}$$

因此

$$\boldsymbol{M}=\begin{bmatrix}1 & d_2\\ 0 & 1\end{bmatrix}\begin{bmatrix}1 & 0\\ -1/f & 1\end{bmatrix}\begin{bmatrix}1 & d_1\\ 0 & 1\end{bmatrix}$$

$$=\begin{bmatrix}1-d_2/f & d_1+d_2-d_1d_2/f\\ -1/f & 1-d_1/f\end{bmatrix} \tag{5-88}$$

（4）周期性光学系统

周期性光学系统是指相同的光学单元反复出现的光学系统，如图 5-16 所示。在周期性媒介中传播的光线理论上可以用传播矩阵来描述。

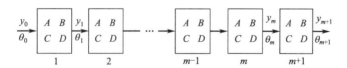

图 5-16 周期性光学系统

假设周期性光学系统中，基本周期单元的 2×2 传播矩阵的四个单元分别为 A、B、C、D，则该基本单

艾里光束的传播
特性研究

元的叠加组合形式的 m 个周期系统的矩阵传播关系为

$$\begin{bmatrix} y_m \\ \theta_m \end{bmatrix} = \begin{bmatrix} A & B \\ C & D \end{bmatrix}^m \begin{bmatrix} y_0 \\ \theta_0 \end{bmatrix} \tag{5-89}$$

由迭代条件可以得到

$$y_{m+1} = Ay_m + B\theta_m$$
$$\theta_{m+1} = Cy_m + D\theta_m \tag{5-90}$$

得到

$$\theta_m = \frac{y_{m+1} - Ay_m}{B} \tag{5-91}$$

用 $m+1$ 代替 m，可以得到

$$\theta_{m+1} = \frac{y_{m+2} - Ay_{m+1}}{B} \tag{5-92}$$

可以得到周期性光学系统中光线位置高度关系：

$$y_{m+2} = 2by_{m+1} - F^2 y_m \tag{5-93}$$

其中

$$b = \frac{A+D}{2}, F^2 = AD - BC = \det[\boldsymbol{M}] \tag{5-94}$$

此方程是一个线性微分方程，可以通过计算机迭代法，从 $m=0$ 开始逐步迭代出 $y_0, y_1, \cdots\cdots$ 也可以直接从上式得到其解析表达式。

假设上述方程有尝试解，其形式为

$$y_m = y_0 h^m \tag{5-95}$$

其中，h 为常数，代入可得

$$h^2 - 2bh + F^2 = 0 \tag{5-96}$$

因此，h 的可能取值为

$$h = b \pm \mathrm{i}\sqrt{F^2 - b^2} \tag{5-97}$$

定义变量

$$\phi = \arccos(b/F) \tag{5-98}$$

可以得到

$$b = F\cos\phi \qquad (5\text{-}99)$$

$$\sqrt{F^2 - b^2} = F\sin\phi \qquad (5\text{-}100)$$

因此有

$$h = F(\cos\phi \pm i\sin\phi) = Fe^{\pm i\phi} \qquad (5\text{-}101)$$

得到

$$y_m = y_0 F^m e^{\pm im\phi} \qquad (5\text{-}102)$$

因此，此方程的解一般应该是 y_m 正负号两个解的线性组合，两个指数函数的组合可以表示成谐波函数，有

$$y_m = y_0 F^m \sin(m\phi + \phi_0)$$
$$= y_{max} F^m \sin(m\phi + \phi_0) \qquad (5\text{-}103)$$

其中，y_{max} 和 ϕ_0 是由初始条件 y_0 和 y_1 待确定的常数。在特殊情况下，$y_{max} = y_0 / \sin\phi_0$。

参数 F 的平方为基本周期单元传递矩阵的值，即 $F = \det^{1/2}[\boldsymbol{M}]$。可以证明，无论结构单元的结构形式如何，周期单元的传递矩阵的值 $\det[\boldsymbol{M}] = n_1 / n_2$，其中 n_1、n_2 分别是该基本周期单元初始与最后部分的折射率。矩阵乘积的值等于矩阵值的乘积，因此该关系可以应用到整个叠加系统。对于处于自由空间中的光学系统，$n_1 = n_2$，可以得到 $\det[\boldsymbol{M}] = 1$，$F = 1$。因此，对应的解有

$$y_m = y_{max} \sin(m\phi + \phi_0) \qquad (5\text{-}104)$$

由图 5-17 可以看出光线在周期性光学系统中的位置轨迹是一个谐波函数或双曲函数。

① 周期结构光学系统光线谐波轨迹条件　当 $\phi = \arccos(b)$ 必为实数时，y_m 具有谐波函数特征，也就是说

　艾里光束的传播
特性研究

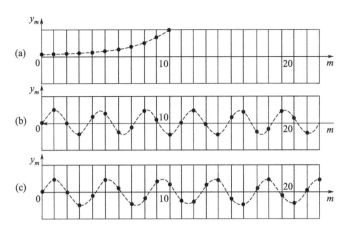

图 5-17 光线在周期性光学系统中的位置轨迹

光线的位置存在极值，总体位置在极值内变化，所以在其中传播的光束不会溢出该光学系统。$\phi = \arccos(b)$ 必为实数的条件对应于

$$|b| \leqslant 1 \text{ 或 } \left|\frac{A+D}{2}\right| \leqslant 1 \qquad (5\text{-}105)$$

这个条件称为稳定解条件。一个谐波解应该保证 y_m 对于所有的 m 值都是有限的。

如果 $|b| > 1$，则 ϕ 为虚数，y_m 为双曲函数（cosh 或 sinh），这样的解表明光束是没有宽度限制的（无边界）。

光束的角度也是一个谐波函数 $\theta_m = \theta_{\max} \sin(m\phi + \phi_1)$，其中 $\theta_{\max}$ 和 ϕ_1 是常数。角度的最大值 $\theta_{\max}$ 必须要足够小，以满足光束的近轴条件，这是矩阵分形法要求的。

② 周期性轨迹条件　谐波函数 $y_m = y_{\max} \sin(m\phi +$

ϕ_0）是一个周期取决于 m 的函数，如果存在一个整数 s，使 $y_{m+s}=y_m$，对于所有的 m 都成立。这个最小的整数就是周期，光线的轨迹在 s 个单元之后重复。这个条件可以表示为 $s\phi=2\pi q$，其中 q 为整数。其周期轨迹的充要条件是：存在整数之比 q/s 的值与 $\phi/2\pi$ 相等；如果找不到使 $s\phi=2\pi q$ 成立的 s，则系统为稳定但非周期轨迹。

下面分析两个焦距分别是 f_1 和 f_2，间隔为 d 的透镜组成的周期结构中光线的传播特征（图 5-18）。

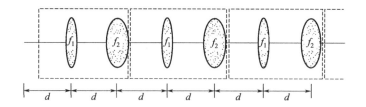

图 5-18　两个焦距分别是 f_1 和 f_2，间隔为 d 的透镜组成的光学系统

其基本单元的矩阵为

$$
\boldsymbol{M}=\begin{bmatrix} 1 & 0 \\ -\dfrac{1}{f_2} & 1 \end{bmatrix}\begin{bmatrix} 1 & d \\ 0 & 1 \end{bmatrix}\begin{bmatrix} 1 & 0 \\ -\dfrac{1}{f_1} & 1 \end{bmatrix}\begin{bmatrix} 1 & d \\ 0 & 1 \end{bmatrix}
$$

$$
=\begin{bmatrix} 1-\dfrac{d}{f_1} & 2d-\dfrac{d^2}{f_1} \\ \dfrac{d}{f_1 f_2}-\dfrac{1}{f_1}-\dfrac{1}{f_2} & -\dfrac{d}{f_2}+\left(1-\dfrac{d}{f_1}\right)\left(1-\dfrac{d}{f_2}\right) \end{bmatrix}
$$

$$(5\text{-}106)$$

所以，根据光线轨迹稳定条件，可以推得该系统的稳定条件为

艾里光束的传播特性研究

$$0 \leqslant \left(1 - \frac{d}{2f_1}\right)\left(1 - \frac{d}{2f_2}\right) \leqslant 1 \qquad (5\text{-}107)$$

5.3.2　柯林斯衍射积分的修正

柯林斯衍射积分是解决近轴光学系统中的光束传播问题的有效方法之一。要想利用柯林斯积分来解决近轴光束的传播，首先需要知道光束所经过的光学系统的变换矩阵。变换矩阵的具体形式表示光学系统对光束的作用。柯林斯衍射积分的形式有

$$u(x,y,z) = -\frac{ik}{2\pi B}\iint u(x_0, y_0, z=0)$$

$$\exp\left\{\frac{ik}{2B}\left[A(x_0^2 + y_0^2) - 2(xx_0 + yy_0) + \right.\right.$$

$$D(x^2 + y^2)\Big]\Big\}\,\mathrm{d}x_0\mathrm{d}y_0 \qquad (5\text{-}108)$$

其中，A、B、C、D 为光学系统变换矩阵的矩阵元；$u(x_0, y_0, z=0)$ 为入射端面（$z=0$）处的光场复振幅。例如，考虑傍轴高斯光束在自由空间中传播时，自由空间的变换矩阵为

$$\begin{bmatrix} A & B \\ C & D \end{bmatrix} = \begin{bmatrix} 1 & z \\ 0 & 1 \end{bmatrix} \qquad (5\text{-}109)$$

其中，z 为空间中的传播距离。可以给定高斯光束的初始场分布：

$$u(x_0, y_0, z=0) = \exp\left[\frac{ik(x_0^2 + y_0^2)}{2q_0}\right] \qquad (5\text{-}110)$$

其中

$$q_0 = -i\frac{kw_0^2}{2} \qquad (5\text{-}111)$$

将式(5-109)和式(5-110)代入柯林斯衍射积分，即可得到高斯光束的一般表达式。

5.3.3 包含自旋轨道耦合修正的光学矩阵

为了能够利用矩阵光学研究傍轴光束的自旋霍尔效应，首先需要得到非均匀介质的包含自旋-轨道耦合的变换矩阵。可以知道，光在各向同性的非均匀介质中传播的波动方程可以表示成

$$\nabla^2 \boldsymbol{E} + k^2 \boldsymbol{E} - \nabla(\nabla \cdot \boldsymbol{E}) = 0 \qquad (5\text{-}112)$$

其中，k 是波数。在上式左边的第三项中，包含了由介质的非均匀性所导致的光与物质相互作用[183]。在各向同性的非均匀介质中，光波近似为横场，因此有 $\nabla \cdot \boldsymbol{D} = \nabla \cdot (n^2 \boldsymbol{E}) = 0$，并且可以得到 $\nabla \cdot \boldsymbol{E} = -2(\nabla \ln n) \cdot \boldsymbol{E}$。因此，上述波动方程变为

$$\nabla^2 \boldsymbol{E} + k^2 \boldsymbol{E} + 2(\nabla \ln n \times \nabla) \times \boldsymbol{E} = 0 \qquad (5\text{-}113)$$

引入伴随光线传播的坐标 (η_1, η_2, s)，其基矢为 $(\boldsymbol{e}_1, \boldsymbol{e}_2, \boldsymbol{t})$，光线的切线方向可以表示为 $\boldsymbol{t} = \mathrm{d}\boldsymbol{r}/\mathrm{d}s$。光的电场可以用伴随坐标表示，$\boldsymbol{E} = \boldsymbol{E}_\perp + \boldsymbol{E}_\mathrm{P}$，其中横向电场分量 $\boldsymbol{E}_\perp = E_1 \boldsymbol{e}_1 + E_2 \boldsymbol{e}_2$，纵向电场分量 $\boldsymbol{E}_\mathrm{P} = E_3 \boldsymbol{t}$。一般情况下，认为电场的纵向分量远远小于横向电场分量，因此有

$$\nabla^2 \boldsymbol{E}_\perp + k^2 \boldsymbol{E}_\perp + 2(\nabla \ln n \times \nabla) \times \boldsymbol{E}_\perp = 0 \quad (5\text{-}114)$$

线性偏振光可以看作是左旋圆偏振光和右旋圆偏振光的叠加，有 $\boldsymbol{E}_\perp = E^+ \boldsymbol{e}^+ + E^- \boldsymbol{e}^-$，其中 $E^\pm = (E_1 \mp E_2)/\sqrt{2}$，$\boldsymbol{e}^\pm = (\boldsymbol{e}_1 \pm \mathrm{i}\boldsymbol{e}_2)/\sqrt{2}$。因此，波动方程又可以写成

艾里光束的传播特性研究

$$k_0^{-2}\nabla^2 E^\sigma + n^2 E^\sigma - 2\mathrm{i}k_0^{-2}\boldsymbol{t}\cdot(\nabla\ln n\times\nabla)E^\sigma = 0$$

$$(5\text{-}115)$$

其中，$\sigma=\pm1$ 表示光波的左旋或右旋圆偏振。上式中左边最后一项对应于自旋-轨道耦合修正，由于这一项的存在将会导致光的自旋霍尔效应的出现。如果取 E^σ 作为光子波函数，$-\mathrm{i}k_0^{-1}\nabla$ 作为光子的动量算符[184-186]，可以将这个波动方程写成一个类薛定谔方程，$\hat{H}E^\sigma=0$，这样就可以得到光子的包含自旋-轨道耦合修正的哈密顿量。利用动力学正则方程就可以得到光子的动力学运动方程。

下面采用几何光学的描述进行分析。

假设光子的波函数写成 $E^\sigma=A(\boldsymbol{r})\exp[\mathrm{i}k_0\psi(\boldsymbol{r})]\exp(\mathrm{i}\sigma\pi/4)$，代入波动方程可以得到包含自旋-轨道耦合修正的程函方程和振幅输运方程，如下所示：

$$(\nabla\psi)^2 - n^2 - \sigma\left(\frac{2\nabla n\times\nabla\psi}{k}\right)\cdot\boldsymbol{l} = 0 \quad (5\text{-}116)$$

$$2\nabla\psi\cdot\nabla A + A\nabla^2\psi - \sigma\left(\frac{2\nabla n\times\nabla A}{k}\right)\cdot\boldsymbol{l} = 0$$

$$(5\text{-}117)$$

明显地，在上面两个方程的左端，最后一项都是来源于自旋-轨道耦合修正。从程函方程，可以得到

$$\nabla\psi = n\frac{\mathrm{d}\boldsymbol{r}}{\mathrm{d}s} + \sigma\frac{\nabla n\times\nabla\psi}{kn} \quad (5\text{-}118)$$

实际上，上面的程函方程中已经包含了自旋-轨道耦合修正，并且从这个方程可以得到光线方程。从上式中，可以看出光线的传播会出现一个横向的偏折，偏折的方向取决于光子的自旋态（左旋圆偏振或右旋圆偏振）。这些实际上都是自旋霍尔效应的表现。

根据光线方程可以描述在经过一个光学系统后光线的变化情况，根据光线的变化情况可以得到光学变换矩阵。根据所得到的光学变换矩阵，就可以结合柯林斯衍射积分来研究光束的传播。但是，从上式可以知道，因为在传播过程中光线有横向偏折的存在，在这个过程中，不能简单地用一个 2×2 的矩阵来描述。为了能够描述光线横向上的变化，需要采用一个 4×4 的矩阵来描述。下面结合类透镜的非均匀介质进行分析。

考虑圆偏振的傍轴光束在一个类透镜非均匀介质中传播，其折射率分布可以表示为 $n(r)=n_0(1-\alpha r^2)$，其中 $r^2=x^2+y^2$，n_0 是介质光轴上的折射率，α 是一个小的折射率梯度系数。简单起见，考虑入射方向在介质的子午面内。可以知道，如果没有自旋-轨道耦合修正的存在，光束的传播将会一直在子午面内进行，不会发生偏折。根据前面所得到的程函方程，可以采用一个 4×4 的矩阵来描述光线的横向偏折，矩阵形式如下：

$$\boldsymbol{M}=\begin{bmatrix} A_x & B_x & E_x & F_x \\ C_x & D_x & G_x & H_x \\ E_y & F_y & A_y & B_y \\ G_y & H_y & C_y & D_y \end{bmatrix} \tag{5-119}$$

其中

$$\begin{bmatrix} A_x & B_x \\ C_x & D_x \end{bmatrix}=\begin{bmatrix} A_y & B_y \\ C_y & D_y \end{bmatrix}=\begin{bmatrix} A & B \\ C & D \end{bmatrix}$$

$$=\begin{bmatrix} \cos(z\sqrt{2\alpha}) & -\sqrt{2\alpha}\sin(z\sqrt{2\alpha}) \\ \sin(z\sqrt{2\alpha})/\sqrt{2\alpha} & \cos(z\sqrt{2\alpha}) \end{bmatrix}$$

$$\tag{5-120}$$

艾里光束的传播
特性研究

$$\begin{bmatrix} E_x & F_x \\ G_x & H_x \end{bmatrix} = \begin{bmatrix} E_y & F_y \\ G_y & H_y \end{bmatrix}$$

$$= \begin{bmatrix} \beta(C+Az) & \beta(B+Dz) \\ \beta Cz & \beta Dz \end{bmatrix} \qquad (5\text{-}121)$$

其中，$\beta = 2\sigma\alpha/k$。根据文献［187］中的结果，可以利用如下公式：

$$E(x,y,z) = -\frac{ik}{2\pi C}\exp(ikz)\iint dx_0 dy_0 E(x_0,y_0,z=0) \times$$

$$\exp\left\{\frac{ik}{2C}\big[D(x_0^2+y_0^2)+A(x^2+y^2)-\right.$$

$$2(x_0 x+y_0 y)+2\beta z(x_0 y-x y_0)+$$

$$\left.2\beta Cxy\big]\right\} \qquad (5\text{-}122)$$

研究圆偏振光束的传播。可以看出，如果在上式中忽略自旋-轨道耦合作用的影响，即 $\beta=0$，则上面方程退化为一般的柯林斯衍射积分的形式。

5.4 基于矩阵光学方法的自旋光输运研究

我们已经知道，在各向同性的非均匀光学介质中，由于介质的非均匀性会诱导自旋轨道耦合作用的产生，将直接导致自旋霍尔效应的出现。自旋霍尔效应表现为具有不同圆偏振态的光在传播过程中出现传播轨迹的分裂。可以通过光学度规理论，得到光子传播的运动方程（或者称之为光线方程）。矩阵光学理论也是以光线的传播为基础的。下面就采用矩阵光学的方法来研究自旋光的输运现象。

以下介绍自旋光的相位演化规律。

考虑圆偏振的高斯光束在类透镜非均匀介质中传播。高斯光束在入射面的光场分布可以写成

$$E(x_0, y_0, z=0) = \exp\left[\frac{ik(x_0^2 + y_0^2)}{2q_0}\right] \quad (5\text{-}123)$$

其中，$q_0 = -iL$，$L = kw_0^2/2$。将高斯光束的初始分布代入柯林斯衍射积分，经过复杂的计算之后，可以得到

$$E(x, y, z) = \frac{w_0}{w_z} \exp\left[-\frac{(x-\delta_x)^2 + (y-\delta_y)^2}{w_z^2}\right] \exp(ik\beta xy)$$

$$\times \exp\left\{\frac{ik}{2R_z}[(x-\delta_x)^2 + (y-\delta_y)^2]\right\}$$

$$\times \exp\left\{i\left[kz - \arctan\left(\frac{C}{LD}\right)\right]\right\} \quad (5\text{-}124)$$

式中，$\delta_x = \beta zy$；$\delta_y = \beta zx$；$R_z = (C^2 + L^2D)/(AC + L^2BD)$ 为波阵面曲率半径；$w_{(z)}^2 = w_0^2(C^2 + L^2D)/L^2$ 为光束半径。很明显，如果高斯光束在真空中传播，即 $\beta = 0$，$A = D = 1$，$B = 0$，$C = z$，上式就转化为高斯光束的一般表达式。实际上，上式准确地描述了高斯光束在类透镜非均匀介质中的传播。

根据高斯光束在类透镜非均匀中的光场表达式，可以直接写出其光场强度的表达式，如下所示：

$$I = \left(\frac{w_0}{w_z}\right)^2 \exp\left[-2\frac{(x-\delta_x)^2 + (y-\delta_y)^2}{w_z^2}\right]$$

$$(5\text{-}125)$$

可以看出，高斯光束的中心发生了偏移，并且这个

偏移量与光的自旋（偏振）直接相关，这个现象对应于光束的自旋霍尔效应。同时，根据光场表达式，也可以描述整个波前的演化，并且其演化规律与场强的演化规律一致。同时，可以看到在光场表达式中，有一个相位项 $\exp(ik\beta xy)$，这个相位因子与横向的偏移不同，它表示了一种波前的旋转，并且旋转的方向由光的自旋（偏振）来决定。为简单起见，在图 5-19 中呈现了相位因子 $\exp[i(x^2+y^2)/R]\exp(ik\beta xy)$ 所表示的波前变化，可以明显地看到由于相位项 $\exp(ik\beta xy)$ 的存在，高斯光束的波前不再是抛物面，而是发生了一定的变化。高斯光束的中心偏移与波前的变化都可以看作是自旋-轨道耦合所导致的效应。

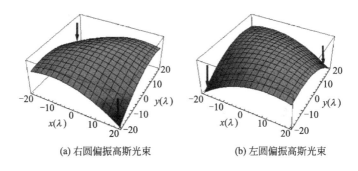

(a) 右圆偏振高斯光束　　　(b) 左圆偏振高斯光束

图 5-19　由于自旋轨道耦合引起的相位波前变化示意图

当光束在类透镜非均匀介质中传播的时候，周期性的自聚焦和散焦现象会交替发生。对于高斯光束而言，光束的半径会发生周期性的变化，比如，在 $z=N\pi/\sqrt{2\alpha}$ 位置，光束半径最小，在 $z=(N+1/2)\pi/\sqrt{2\alpha}$ 位置，光束半径最大。相应地，波前的演化与之对应，在不同的位置会有不同的形状。根据光场表达式，可以知道相位修正项 $\exp(ik\beta xy)$ 可以写成$\exp(ik\beta x'y')$，其中忽略了 β 的高阶项，并且有 $x'=x-\delta_x$，$y'=y-\delta_y$。为了能够更加清晰地描述这个修正相位因子的影响，下面直接在一个特殊的位置，$z=N\pi/\sqrt{2\alpha}$ 位置来描述相位的变化。在这个位置，如果不考虑自旋-轨道耦合的影响，光束半径最小，波前为平面。但是如果考虑自旋-轨道耦合的影响，在这个位置的波前将不再是平面。如图 5-20所示，在 $z=N\pi/\sqrt{2\alpha}$ 位置，波前相位出现了沿角向方向的涨落。

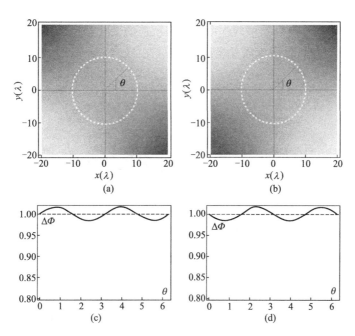

图 5-20　左圆极化高斯光束在 $z=N\pi/\sqrt{2\alpha}$ 的相位

分布［图(a)、(b)］及围绕光束重心

相应的相位波动［图(c)、(d)］

这种相位的变化和横向偏移也将会导致在传播过程

中的能流变化。根据圆偏振光束的能流表达式为

$$\frac{c}{8\pi}(\boldsymbol{E}^* \times \boldsymbol{B} + \boldsymbol{E} \times \boldsymbol{B}^*) = \frac{c}{8\pi}\left[i\omega(u\,\nabla_\perp u^* - u^*\,\nabla_\perp u)\right.$$

$$\left. + 2\omega k\,|u|^2\boldsymbol{e}_z + \omega\sigma\frac{\partial|u|^2}{\partial r}\boldsymbol{e}_\theta\right]$$

(5-126)

其中，u 为傍轴光束复振幅。

上式中，右边第一项表示能流的横向分量，这个分量与光的自旋（偏振）没有关系；第二项为纵向分量，这个分量的方向与光束传播方向相同；最后一项表示角向能流，与光束的自旋相关，也可以说这一项是由自旋-轨道耦合所导致的能流修正。将光场表达式代入之后，可以得到

$$i\omega(u\,\nabla_\perp u^* - u^*\,\nabla_\perp u) = \omega kr\left\{\beta\sin 2\theta + \frac{1}{R_z}\left[(\cos\theta - \beta z\sin\theta)^2 + \right.\right.$$

$$\left.\left. (\sin\theta + \beta z\cos\theta)^2\right]\right\}|u|^2\boldsymbol{e}_r +$$

$$\omega kr\beta\cos 2\theta\,|u|^2\boldsymbol{e}_\theta \qquad (5\text{-}127)$$

明显地可以看到由自旋-轨道耦合所导致的角向分量。有趣的是，从上式可以看出来在不同的角向位置上，θ 不同的位置上，能流的方向会发生周期性的变化。这种变化与光束的内禀角动量有着直接的联系。

根据对光场能流的分析，也可以得到光场在 z 的总内禀角动量，如下式所示：

$$J_z = \frac{\sigma r}{2\omega} \times \frac{\partial|u|^2}{\partial r} + \frac{\sigma\alpha r^2}{\omega}\cos 2\theta\,|u|^2 \qquad (5\text{-}128)$$

可以看出，第一项描述了光束的自旋角动量，而第二项则是来源于自旋-轨道耦合修正。尽管由于自旋-轨道耦合，光束的内禀角动量发生了变化，但是由于这种

角动量的变化规律由 cos2θ 决定，因此总体上来说，光束的总角动量仍然满足角动量守恒。如图 5-21 所示。

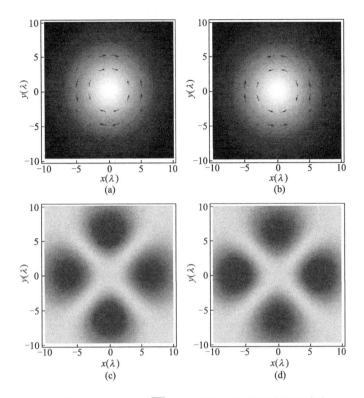

图 5-21　当 $z = N\pi/\sqrt{2\alpha}$，由右圆和左圆偏振高斯光束在
透镜状非均匀介质中的自选-轨道耦合所引起的
数值方位角能流 $\omega kr\beta\cos2\theta\,|\,u\,|^{\,2}$［图（a）、
（b）的背景是光束的强度；图（c）、
（d）为角动量密度相应的变化］

光束的横向偏折可以写成 $\delta\boldsymbol{r} = \delta_x\boldsymbol{e}_x + \delta_y\boldsymbol{e}_y = -\beta zr\boldsymbol{e}_\theta$。这就意味着，光束在传播过程中将会有一个微小的角向偏移。这种微小的旋转也可以看作是一种新的自旋霍尔效应的表现。

　艾里光束的传播
　　　　特性研究

当入射光束为非轴对称光束时，例如椭圆高斯光束，在传播过程中会发生明显的光束旋转，如图 5-22 所示。同时根据对波前相位的分析，可以知道实际上光束的内禀结构已经发生了变化。这种相似的演化也会发生在其他的非对称光束上，比如艾里光束[188]。

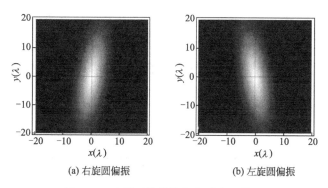

(a) 右旋圆偏振　　　　　　(b) 左旋圆偏振

图 5-22　在类透镜非均匀介质中右旋和

左旋圆偏振椭圆高斯光束

5.5　艾里光束在非均匀介质中的自旋输运

光学角动量之间可以发生相互作用，自旋角动量与外禀轨道角动量之间的相互作用导致了自旋霍尔效应，内禀轨道角动量与外禀轨道角动量之间的相互作用导致了轨道角动量霍尔效应，自旋角动量也可以与内禀轨道角动量发生相互作用[189]。

本章主要利用基于程函的复几何光学方法研究了极

化高斯光束在非均匀介质中传播，并且讨论了自旋-轨道相互作用以及光束形变对高斯光束传播的影响。在基于程函的复几何光学中，复程函的虚部和实部分别描述了高斯光束的半径与波阵面。引入线性复程函项来描述极化光束在非均匀介质中所发生的横向位移，并且发现横向位移包含两部分的贡献，一部分来自自旋-轨道相互作用，另外一部分来自光的自旋角动量与由于光束扭转所产生的等效内禀轨道角动量之间的相互作用。复几何光学方法不仅可以应用于各向同性的非均匀介质，同时也可以用于研究在各种非线性介质中的光的传播。

5.5.1 线性非均匀介质中的艾里光束自旋输运效应

首先来研究艾里光束在线性梯度非均匀介质中的自旋输运行为。

一般情况下，电磁波在非均匀介质中的传播都可以用波动方程来描述，其形式如下

$$\nabla^2 \boldsymbol{E} + k^2 \boldsymbol{E} - \nabla(\nabla \cdot \boldsymbol{E}) = 0 \qquad (5\text{-}129)$$

其中，$k = k_0 n$，$k_0 = \omega/c$，并且 $n^2 = n_0^2 [1 + \Delta(r)]$；$n$ 为介质折射率；$\Delta(r)$ 描述了介质的非均匀性。在自由空间中，由于电磁波是横场，最后一项消失，波动方程退化为一般的亥姆霍兹方程的形式。但是，实际上在非均匀介质中，最后一项中包含有自旋-轨道耦合作用的影响[190]。

已经知道，在非均匀介质中，对于傍轴光波而言仍

然保持近似横向，因此有 $\nabla \cdot \boldsymbol{D} = \nabla \cdot (n^2 \boldsymbol{E}) = 0$，因此可以得到 $\nabla \cdot \boldsymbol{E} = -2\nabla \ln n \cdot \boldsymbol{E}$。在傍轴近似下，光场形式可以写成 $\boldsymbol{E} = \boldsymbol{A}(r) \exp(\mathrm{i} k_0 n_0 z)$，代入波动方程，可以得到

$$\nabla_{\perp}^2 \boldsymbol{A} + 2\mathrm{i} k_0 n_0 \partial_z \boldsymbol{A} + k_0^2 n_0^2 \Delta(r) \boldsymbol{A} + 2[\nabla \ln n \times \nabla] \times \boldsymbol{A} = 0$$

(5-130)

其光波电场振幅可以写成是 $\boldsymbol{A} = A_x \boldsymbol{e}_x + A_y \boldsymbol{e}_y + A_z \boldsymbol{e}_z = \boldsymbol{A}_{\perp} + A_z \boldsymbol{e}_z$，其中 $\boldsymbol{A}_{\perp}$ 为横场分量，A_z 为纵场分量。可以知道纵场分量的大小总是远远小于横场分量，因此可以将波动方程改写为

$$\nabla_{\perp}^2 \boldsymbol{A}_{\perp} + 2\mathrm{i} k_0 n_0 \partial_z \boldsymbol{A}_{\perp} + k_0^2 n_0^2 \Delta(r) \boldsymbol{A}_{\perp} +$$
$$2[\nabla \ln n \times \nabla] \times \boldsymbol{A}_{\perp} = 0 \quad (5\text{-}131)$$

一束线性偏振光可以看作是左旋圆偏振光和右旋圆偏振光的叠加，因此有

$$\boldsymbol{A}_{\perp} = A^+ \boldsymbol{e}^+ + A^- \boldsymbol{e}^- \quad (5\text{-}132)$$

其中

$$\boldsymbol{e}^{\pm} = \frac{1}{\sqrt{2}}(\boldsymbol{e}_x \pm \boldsymbol{e}_y) \quad (5\text{-}133)$$

$$A^{\pm} = \frac{1}{\sqrt{2}}(A_x \mp C_y) \quad (5\text{-}134)$$

在这种情况下，波动方程可以进一步改写成

$$\nabla_{\perp}^2 A^{\sigma} + 2\mathrm{i} k_0 n_0 \partial_z A^{\sigma} + k_0^2 n_0^2 \Delta(r) A^{\sigma} - 2\mathrm{i}\sigma \boldsymbol{e}_z \cdot$$
$$[\nabla \ln n \times \nabla_{\perp} A^{\sigma}] = 0 \quad (5\text{-}135)$$

其中，$\sigma = \pm 1$ 表示光的左旋或右旋圆偏振。可以看出，在上式中左边第三项描述了介质非均匀性所带来的影响，它包含了自旋-轨道耦合，并且可以用来描述自旋霍尔效应[191]。进一步将上述波动方程进行简化，可以得到

$$\nabla_\perp^2 A^\sigma + k_0^2 n_0^2 \Delta(r) A^\sigma$$

$$+ 2\mathrm{i}k_0 n_0 \left[\partial_z A^\sigma - \frac{\sigma}{k_0 n_0} (\boldsymbol{e}_z \times \nabla \ln n) \cdot \nabla_\perp A^\sigma \right] = 0$$

$$(5\text{-}136)$$

已经知道自旋-轨道耦合将会导致自旋霍尔效应，主要表现为光在非均匀介质中传输轨迹的横向偏移。为了能够更加直接地描述这种自旋-轨道耦合所带来的影响，可以引入一个与极化相关的参量 $\delta(z)$。

$$A^\sigma(r_\perp, z) \rightarrow \widetilde{A}^\sigma [r_\perp - \delta(z), z] \qquad (5\text{-}137)$$

可以知道

$$\frac{\partial \widetilde{A}^\sigma}{\partial z} = \frac{\partial A^\sigma}{\partial z} - \frac{\partial \delta(z)}{\partial z} \times \frac{\partial A^\sigma}{\partial r_\perp} \qquad (5\text{-}138)$$

并且有

$$\frac{\partial \delta(z)}{\partial z} = \frac{\sigma}{k_0 n_0} (\boldsymbol{e}_z \times \nabla \ln n) \qquad (5\text{-}139)$$

因此，傍轴波动方程可以写成

$$\nabla_\perp^2 \widetilde{A}^\sigma + k_0^2 n_0^2 \Delta(\bar{r}) \widetilde{A}^\sigma + 2\mathrm{i}k_0 n_0 \, \partial_z \widetilde{A}^\sigma = 0$$

$$(5\text{-}140)$$

可以知道

$$\bar{x} = x + \int \frac{\sigma}{kn} \times \frac{\partial n}{\partial y} \mathrm{d}z \qquad (5\text{-}141)$$

$$\bar{y} = y - \int \frac{\sigma}{kn} \times \frac{\partial n}{\partial x} \mathrm{d}z \qquad (5\text{-}142)$$

可以看出，$\delta(z)$ 是一个由自旋-轨道耦合所导致的一个参量，主要取决于光束的偏振态和介质的非均匀性。简单起见，考虑线性梯度折射率，$n^2 = n_0^2 [1 + \Delta(r)]$，且有 $\Delta(r) = n_1 x$。考虑艾里光束初始场分布有如下形式：

艾里光束的传播
特性研究

$$A^\sigma(x,y,z=0)=\varphi_x(x,z=0)\varphi_y(y,z=0)$$

$$(5\text{-}143)$$

并且

$$\varphi_x(x,z=0)=Ai\left(\frac{x}{w_0}\right)\exp\left(\frac{ax}{w_0}\right) \quad (5\text{-}144)$$

$$\varphi_y(x,z=0)=Ai\left(\frac{y}{w_0}\right)\exp\left(\frac{ay}{w_0}\right) \quad (5\text{-}145)$$

因此，上述波动方程可以分解为两个独立的方程：

$$\partial_x^2\varphi_x(x,z)+2ik_0n_0\partial_z\varphi_x(x,z)+k_0^2n_0^2n_1x\varphi_x(x,z)=0$$

$$(5\text{-}146)$$

$$\partial_y^2\varphi_y(y,z)+2ik_0n_0\partial_z\varphi_y(y,z)-i\sigma n_1\partial_y\varphi_y(y,z)=0$$

$$(5\text{-}147)$$

上述波动方程描述了圆偏振的艾里光束在线性梯度介质中的传播。在图 5-23 中描述了在 x-z 观察面内的光场强度，可以看出在 x 方向上，艾里光束的自加速得到了很好的控制，艾里光束的这种自加速主要取决于光学介质的非均匀性，与其自旋特性无关。而在观察面 y-z 内，从波动方程可以看出，其传播特征必定与其自旋特征有关。可以将观察面 y-z 内的波动方程简化为

$$\partial_{\tilde{y}}^2\tilde{\varphi}_{\tilde{y}}(\tilde{y},z)+2ik_0n_0\partial_z\tilde{\varphi}_{\tilde{y}}(\tilde{y},z)=0 \quad (5\text{-}148)$$

其中

$$y=y+\int\frac{\sigma n_1}{2k_0n_0}\mathrm{d}z \quad (5\text{-}149)$$

可以得到其解为

$$\varphi_y(y,z)=Ai\left[\frac{1}{w_0}\left(y+\frac{\sigma n_1z}{2k_0n_0}\right)-\left(\frac{z}{2k_0n_0w_0^2}\right)^2+\frac{iaz}{k_0n_0w_0^2}\right]\times$$

$$\exp\left[\frac{a}{w_0}\left(y+\frac{\sigma n_1z}{2k_0n_0}\right)-a\left(\frac{z}{k_0n_0w_0^2}\right)^2\right]$$

$$\times \exp\left[\mathrm{i}\, \frac{z}{2k_0 n_0 w_0^3}\left(y + \frac{\sigma n_1 z}{2k_0 n_0} \right) \right]$$

$$\exp\left[\frac{\mathrm{i}az}{k_0 n_0 w_0^2} - \frac{\mathrm{i}}{6}\left(\frac{z}{k_0 n_0 w_0^2} \right)^3 \right] \tag{5-150}$$

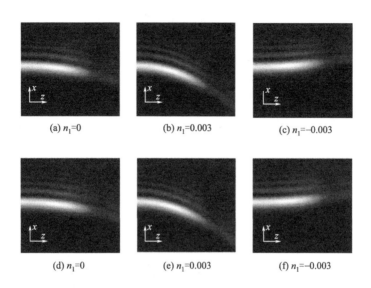

(a) $n_1=0$ (b) $n_1=0.003$ (c) $n_1=-0.003$

(d) $n_1=0$ (e) $n_1=0.003$ (f) $n_1=-0.003$

图 5-23　线性梯度介质中圆偏振艾里光束
在 x-z 平面上的强度分布［顶行和
底行分别表示右旋（$\sigma=1$）和
左旋（$\sigma=-1$）］

可以看出，在 y 方向上存在与光的自旋态相关的横向偏移，如图 5-24 所示。这种与自旋相关的横向偏移可以看作是艾里光束自旋霍尔效应的一种表现。

根据上述结果，可以得到艾里光束在线性梯度折射率介质中传播时的传播轨迹形式为

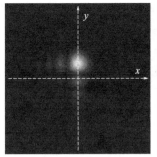
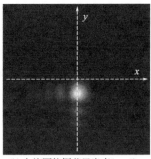

(a) 右旋圆偏振艾里光束(σ=1)　　　(b) 左旋圆偏振艾里光束(σ=-1)

图 5-24　x-y 平面上线性梯度折射率介质中圆偏振
艾里光束强度分布的模拟结果（$n_1 = 0.02$）

$$x = \left(\frac{1}{4k_0^2 n_0^2 w_0^3} + \frac{n_1}{4} \right) z^2 \tag{5-151}$$

$$y = \frac{z^2}{4k_0^2 n_0^2 w_0^3} - \frac{\sigma n_1 z}{2k_0 n_0} \tag{5-152}$$

可以看出，左旋圆偏振和右旋圆偏振将会沿着不同的传播轨迹传播。

5.5.2　抛物线形非均匀介质中的艾里光束自旋输运效应

在上一节中，已经知道当考虑傍轴光束在一个类透镜非均匀介质中传播时，其折射率分布可以表示为 $n(\boldsymbol{r}) = n_0(1 - \alpha r^2)$，其中 $r^2 = x^2 + y^2$，n_0 是介质光轴上的折射率，α 是一个小的折射率梯度系数。简单起见，考虑入射方向在介质的子午面内。可以知道，如果没有自旋-轨道耦合修正的存在，光束的传播将会一直在子午面内进行，不会发生偏折。根据前面的分析，可以采用一个 4×4 的矩阵来描述光线的横向偏折，其包含自旋-轨道耦合修正的柯林斯衍射积分为

$$E(x,y,z) = -\frac{ik}{2\pi C}\exp(ikz)\iint \mathrm{d}x_0 \mathrm{d}y_0 E(x_0,y_0,z=0) \times$$

$$\exp\left\{\frac{ik}{2C}[D(x_0^2+y_0^2)+A(x^2+y^2)-\right.$$

$$2(x_0 x + y_0 y)+2\beta z(x_0 y - x y_0)+$$

$$\left. 2\beta C xy] \right\} \tag{5-153}$$

其中

$$\begin{bmatrix} A & B \\ C & D \end{bmatrix} = \begin{bmatrix} \cos(z\sqrt{2\alpha}) & -\sqrt{2\alpha}\sin(z\sqrt{2\alpha}) \\ \sin(z\sqrt{2\alpha})/\sqrt{2\alpha} & \cos(z\sqrt{2\alpha}) \end{bmatrix} \tag{5-154}$$

$E(x_0,y_0,z=0)$ 为入射场复振幅，$\beta = 2\sigma\alpha/k$。

考虑艾里光束入射，在入射面上的光场分布为

$$E(x_0,y_0,z=0)=Ai\left(\frac{x_0}{w_0}\right)Ai\left(\frac{y_0}{w_0}\right)\exp\left(\frac{ax_0}{w_0}\right)\exp\left(\frac{ay_0}{w_0}\right) \tag{5-155}$$

将之代入柯林斯衍射积分，可以得到其场解

$$E(x,y,z)=b\exp(ikz)\exp[-i\alpha k K(x^2+y^2)]$$
$$\exp(ik\beta xy)U(x,z)U(y,z) \tag{5-156}$$

其中

$$U(x,z)=Ai\left[\frac{b}{w_0}(x-\beta zy)-\left(\frac{K}{2kw_0^2}\right)^2+\frac{iaK}{kw_0^2}\right]\times$$

$$\exp\left\{\frac{ab}{w_0}(x-\beta zy)+\mathrm{i}\left[a^2+\frac{b}{w_0}(x-\beta zy)\right]\right.$$

$$\left.\frac{K}{2kw_0^2}-\frac{\mathrm{i}}{12}\left(\frac{K}{kw_0^2}\right)^3-\frac{a}{2}\left(\frac{K}{kw_0^2}\right)^2\right\} \tag{5-157}$$

$$U(x,z)=Ai\left[\frac{b}{w_0}(y+\beta zx)-\left(\frac{K}{2kw_0^2}\right)^2+\frac{iaK}{kw_0^2}\right]\times$$

$$\exp\left\{\frac{ab}{w_0}(y+\beta zx)+\mathrm{i}\left[a^2+\frac{b}{w_0}(y+\beta zx)\right]\right.$$

$$\left.\frac{K}{2kw_0^2}-\frac{\mathrm{i}}{12}\left(\frac{K}{kw_0^2}\right)^3-\frac{a}{2}\left(\frac{K}{kw_0^2}\right)^2\right\} \tag{5-158}$$

其中，$b=\sec(z\sqrt{2a})$，$K=\tan(z\sqrt{2a})/\sqrt{2a}$。艾里光束在类透镜非均匀介质中的传播轨迹形式为

$$x=\frac{1}{8ak^2w_0^3}\times\frac{\sin^2(z\sqrt{2a})}{\cos(z\sqrt{2a})}+\beta zy \tag{5-159}$$

$$y=\frac{1}{8ak^2w_0^3}\times\frac{\sin^2(z\sqrt{2a})}{\cos(z\sqrt{2a})}-\beta zx \tag{5-160}$$

从上面式子可以看出，如果忽略与自旋相关的修正项，其光线轨迹的表达式与文献[192]中的相同。同时从表达式也可以看出，在艾里光束的传播过程中存在一些奇点位置，因为$\cos(z\sqrt{2a})\neq0$，即$z\neq(2N+1)T/4$。这些奇点位置，也可以得到其光场分布形式，如式(5-161)所示，其光场分布具有高斯分布形式。

$$E_N(x,y,z)=-\frac{im\sqrt{2a}kw_0^2}{2\pi}\exp(ikz)\exp(ik\beta xy)\times$$

$$\exp\{-2aak^2w_0^2[(x-\beta zy)^2+(y+$$

$$\beta zx)^2]\}\times\exp\left\{\frac{2a^2}{3}-\frac{\mathrm{i}}{3}(m\sqrt{2a}kw_0)^3\right.$$

$$[(x-\beta zy)^2+(y+\beta zx)^2]-$$

$$im\sqrt{2\alpha}\,kw_0a^2\big[(x-\beta zy)^2+$$

$$(y+\beta zx)^2\big]\Big\} \qquad (5\text{-}161)$$

其中，$m=\pm1$ 表示 N 为奇数或偶数。艾里光束的这种光场分布周期性地从艾里函数分布转化为高斯函数分布，这种变化可以称为艾里光束的相变[192]。这里着重介绍自旋-轨道耦合对艾里光束相变的影响。

根据艾里光束的传播轨迹表达式，在柱坐标系中，其传播轨迹可以表示为

$$\boldsymbol{r}=r_0\boldsymbol{e}_r-\beta zr_0\boldsymbol{e}_\theta=r_0(\boldsymbol{e}_r-\beta z\boldsymbol{e}_\theta) \qquad (5\text{-}162)$$

其中，$r_0=\sin^2(z\sqrt{2\alpha})/[8\alpha k^2w_0^3\cos(z\sqrt{2\alpha})]$ 描述了艾里光束传播轨迹的周期性变化。可以看出，在艾里光束的传播轨迹中有由自旋-轨道耦合所导致的修正项。尽管已经知道，在艾里光束的传播过程中存在艾里光束光场的变化，但是这并不影响对于艾里光束自旋霍尔效应的研究，因为这里着重研究光束中心的偏折，在奇点位置，光场为高斯分布，其光场重心为中心[193]。

在相变点（奇点）位置，$z=(2N+1)T/4$，光束重心位置为 $\boldsymbol{r}=r_0(\boldsymbol{e}_r-\beta z\boldsymbol{e}_\theta)$，其中 $r_0=(x^2+y^2)^{1/2}$。如图 5-25 所示，图（a）和图（b）分别表示了右旋和左旋圆偏振艾里光束在相变点的重心位置演变。从图中可以看出，在不同的相变点位置，右旋和左旋圆偏振艾里光束的重心位置演变是完全不一样的。同时还可以看出，随着 N 的不断增大，在奇点位置，其光束重心的演化也呈现出一种旋转的特点。这种旋转偏折现象是完全不同于传统高斯光束的自旋霍尔效应。

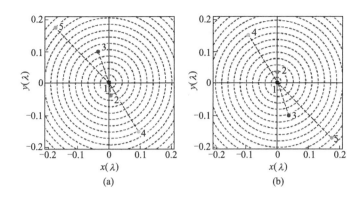

图 5-25　右旋〔图（a）〕和左旋〔图（b）〕圆偏振艾里光束
重心在相变位置 $z=(2N+1)T/4$ 的变化（不同颜色的
点表示不同 N 值时光束的重心，点 1，点 2，
点 3，点 4 和点 5 分别位于 $z=0$，$z=T/4$，
$z=3T/4$，$z=5T/4$，$z=7T/4$ 处）

在非奇点位置，$z\neq(2N+1)T/4$，如图 5-26 所示，自旋-轨道耦合将会导致艾里光束在传播过程中发生旋转。可以看出，尽管场分布在经过奇点位置之后发生了反转，但是艾里光束的旋转方向并没有发生变化。艾里光束的旋转方向由光束的自旋态（左旋或右旋圆偏振）决定。

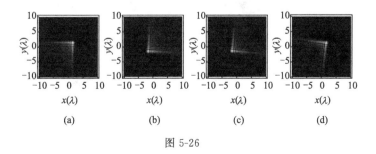

图 5-26

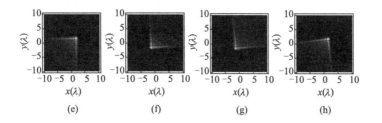

(e)   (f)   (g)   (h)

图 5-26　右旋（上行）和左旋（下行）圆偏振艾里光束
在二次指数非均匀介质中的旋转 ［图(a) 和 (e)：
$z＝T/8$；图(b) 和 (f)：$z＝3T/8$；
图(c) 和 (g)：$z＝5T/8$；图(d)
和 (h) $z＝7T/8$］

从艾里光束在类透镜介质中的光场分布可以看出，其相位分布也出现了一个修正项 $\exp(ik\beta xy)$。这个修正项将会导致光束的波前出现由光束自旋态所决定的扭曲，其扭曲方向如图 5-27 所示。

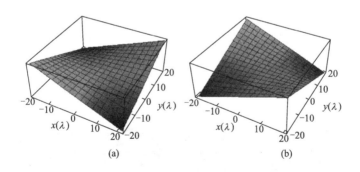

(a)   (b)

图 5-27　右旋 ［图(a)］ 和左旋 ［图(b)］ 圆偏
振光的相位由交叉分量 $\exp(ik\beta xy)$
导致的变化

　艾里光束的传播
特性研究

圆偏振艾里光束的坡印廷矢量可以表示为[194]

$$P = \frac{c}{8\pi}(E^* \times B + E \times B^*)$$

$$= \frac{c}{8\pi}\Big[i\omega(u\nabla_\perp u^* - u^*\nabla_\perp u) + 2\omega k|u|^2 e_z +$$

$$\omega\sigma \frac{\partial|u|^2}{\partial r} e_\theta \Big] \qquad (5\text{-}163)$$

其中，u 表示傍轴光束的光场复振幅。在上式中，第一项和第二项分别表示能流密度的横向和纵向分量，最后一项表示与光束自旋角动量相关的角向能流分量。因为光束的横向能流与光束的偏折有着直接的联系，因此以下着重研究横向能流的演化特征。

将相变位置的光场表达式代入坡印廷矢量的表达式，可以方便地得到在相变位置的能流演化情况。首先考虑线性偏振（$\sigma = 0$）艾里光束的传播，横向能流的分布如图 5-28 所示，可以看出这种能流的演化与艾里光束的周期性光场反转有着直接的联系。

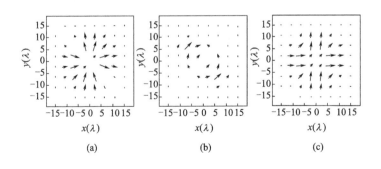

图 5-28

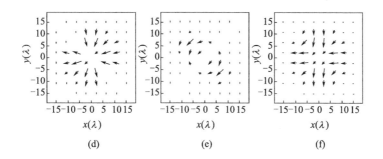

图 5-28　线偏振（$\sigma=0$）艾里光束在相变位置的横向能流
［上行和下行分别表示偶数 $N(N=0,z=T/4)$ 和
奇数 $N(N=1,z=3T/4)$，图(a) 和 (d)：径向
分量；图(b) 和 (e)：角向分量；图(c)
和 (f)：径向和角向分量之和］

考虑圆偏振艾里光束在相变位置的能流分布情况。如图5-29和图 5-30 所示，分别描述了右旋圆偏振（$\sigma=1$）和左旋圆偏振（$\sigma=-1$）艾里光束在奇点位置的能量演化情况。

通过对比，可以明显看出不管是径向分量还是角向分量，两种不同的偏振态都呈现出相反的演化特征。

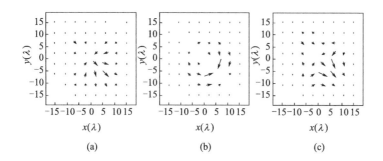

**艾里光束的传播
特性研究**

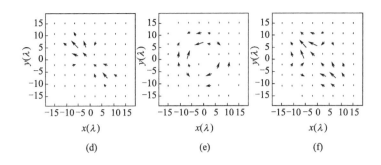

(d)　　　　　(e)　　　　　(f)

图 5-29　右旋圆偏振（$\sigma=1$）艾里光束在相变位置

由于自旋-轨道耦合所诱导的修正的横向

能流［上行和下行分别表示偶数

$N(N=0,z=T/4)$ 和奇数

$N(N=1,z=3T/4)$，图（a）

和（d）：径向分量；图（b）

和（e）：角向分量；图（c）

和（f）径向和角向

分量之和］

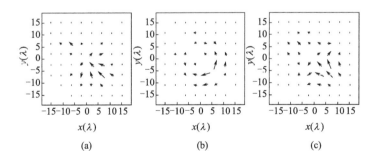

(a)　　　　　(b)　　　　　(c)

图 5-30

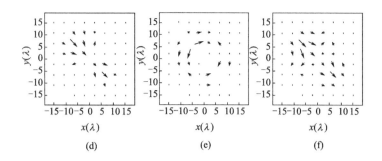

图 5-30　左旋圆偏振（$\sigma=-1$）艾里光束在相变位置由于

自旋-轨道耦合所诱导的修正的横向能流［上行和

下行分别表示偶数 N（$N=0$，$z=T/4$）和奇

数 N（$N=1$，$z=3T/4$），图（a）和（d）：

径向分量；图（b）和（e）：角向

分量；图（c）和（f）：径向和

角向分量之和］

**艾里光束的传播
特性研究**

参 考 文 献

［1］ Clayton R，Engquist B. Absorbing boundary conditions for acoustic and elastic wave equations ［J］. Bull. Seism. Soc. Am.. 1977，67： 1529-1540.

［2］ Clayton R，Engquist B. Absorbing boundary conditions for wave equations Migration ［J］. Geophysics，1980，45：895-904.

［3］ 张晓志，谢礼立. 连续傍轴近似公式及其多种离散形式 ［J］. 地震工程与工程震动，2004，5：1-6.

［4］ 叶大华. 高斯光束特性分析及其应用 ［J］. 激光技术，2019，43： 142-146.

［5］ Ziolkowski R W. Exact solutions of the wave equation with complex source locations ［J］. Appl. Phys. ，1985，26：861-863.

［6］ Durnin J，Miceli J J，Eberly Jr and J H. Diffrcation-free beams ［J］. Phys. Rev. Lett. ，1987，58：1499-1501.

［7］ Durnin J. Exact solutions for nondiffracting beams. I. The scalar theory ［J］. Opt. Soc. Am. A，1987，4：651-654.

［8］ Iturbe-Castullo M D. Alternative formulation for invariant optical field：Mathieu beams ［J］. Opt. Lett. ，2000，25：1493-1495.

［9］ Bandres M A. Parabolic non-diffracting optical wave fields ［J］. Opt. Lett. ， 2004，29：44-46.

［10］ Gawhary E，Severini S. Lorentz beams and symmetry properties in paraxial optics ［J］. Opt. A：Pure Appl. Opt. ，2006，8：409-414.

［11］ Vicari L. Truncation of non-diffracting beams ［J］. Opt. Commun. ， 1989，70：263-266.

［12］ 吴健. 一种新的光束概念-无衍射光束 ［J］. 强激光与粒子束， 1992，4：148-152.

［13］ Max Born，Emil Wolf. Principles of Optics. 7 th ed ［M］. New York：Pergamon，1999.

［14］ Braunbek W. EinzelheitenzurHalbebenenbeugung ［J］. Optik，1952， 9：174.

[15] Boivin A, Dow J, Wolf E. Energy flow in the neighborhood of the focus of a coherent beam [J]. J. Opt. Soc. Am, 1967, 57: 1171-1175.

[16] Nye J F, Berry M V. Dislocations in wave trains [J]. Proceedings of the Royal Society A Mathematical Physical and Engineering Sciences, 1974, 336: 165-190.

[17] Vaughan J M, Willetts D V. Interference properties of a light beam having a helical wave surface [J]. Opt. Commun. , 1979, 30: 263-267.

[18] Coullet P, Gil L, Rocca F. Optical vortices [J]. Opt. Commun. , 1989, 73: 403-408.

[19] Swartzlander G A, Law C T. Optical vortex solitons observed in Kerr nonlinear media [J]. Phys. Rev. Lett. , 1992, 69: 2503-2506.

[20] Allen L, Beijersbergen M W, Spreeuw R J C, et al. Orbital angular momentum of light and the transformation of Laguerre-Gaussian laser modes [J]. Phys. Rev. A. , 1992, 45: 8185.

[21] Barnett S M, Allen L. Orbital angular momentum and nonparaxial light beams [J]. Opt. Commun. , 1994, 110: 670-678.

[22] Lei T, Zhang M, Li Y, et al. Massive individual orbital angular momentum channels for multiplexing enabled by Dammann gratings [J]. Light: Science & Applications, 2015, 44: 472-474.

[23] Simpson N B, Allen L, Padgett M J. Optical tweezers and optical spanners with Laguerre-Gaussian modes [J]. J. Mod. Opt. , 1996, 43: 2485-2491.

[24] Simpson N B, Dholakia K, Allen L, et al. Mechanical equivalent of spin and orbital angular momentum of light: an optical spanner [J]. Opt. Lett. , 1997, 22: 52-54.

[25] Toyoda K, Takahashi F, Takizawa S, et al. Transfer of light helicity to nanostructures [J]. Phys. Rev. Lett. , 2013, 110: 143603.

[26] Hamazaki J, Morita R, Chujo K, et al. Optical vortex laser ablation [J]. Opt. Express, 2010, 18: 2144-2151.

艾里光束的传播
特性研究

[27] Zhan Q. Cylindrical vector beams: from mathematical concepts to applications [J]. Adv. Opt. Photonics, 2009, 1: 1-57.

[28] 刘郑涛. 矢量光束的紧聚焦特性研究 [D]. 哈尔滨：哈尔滨工业大学，2010.

[29] Mushiake Y, Matsumura K, Nakajima N. Generation of radially polarized optical beam mode by laser oscillation [J]. Proceedings of the IEEE, 1972, 60: 1107-1109.

[30] Pohl D. Operation of a ruby laser in the purely transverse electric mode TE01 [J]. Applied Physics Letters, 1972, 20: 266-267.

[31] Richards E W B. Electromagnetic diffraction in optical systems. II. structure of the image field in an aplanatic system [J]. Proceedings of the Royal Society of London. Series A, 1959, 253: 358-363.

[32] Youngworth K S, Brown T G. Focusing of high numerical aperture cylindrical-vector beams [J]. Optics Express, 2000, 7: 77-87.

[33] Zhan Q. Trapping metallic Rayleigh particles with radial polarization [J]. Opt. Express, 2004, 12: 3377-3382.

[34] Zhao Y Q, Zhan Q, Zhang Y L, et al. Creation of a three-dimensional optical chain for controllable particle delivery [J]. Opt. Lett. , 2005, 30: 848-850.

[35] Li H, Wang J, Tang M, et al. Polarization-dependent effects of an Airy beam due to the spin-orbit coupling [J]. J. Opt. Soc. Am. A, 2017, 34: 1114.

[36] Abdulkareem S, Kundikova N. Joint effect of polarization and the propagation path of a light beam on its intrinsic structure [J]. Opt. Express, 2016, 24: 19157.

[37] Yan H, Li S, Xie Z, et al. Deformation of orbital angular momentum modes in bending ring-core fiber [J]. Chin. Opt. Lett. , 2017, 15: 030501.

[38] Siviloglou G A, ChristodoulidesD N. Accelerating finite energy Airy beams [J]. Opt. Lett. , 2007, 32: 979.

[39] Siviloglou G A, Broky J, Dogariu A, et al. Observation of Acceler-

ating Airy Beams [J]. Phys. Rev. Lett. , 2007, 99: 213901.

[40] Bandres M A, Gutiérrez-Vega J C. Ince-Gaussian beams s [J]. Opt. Lett. , 2004, 29: 144.

[41] Siviloglou G A, Broky J, Dogariu A, et al. Ballistic dynamics of Airy beams [J]. Opt. Lett. , 2008, 33: 207-209.

[42] Besieris I M, Shaarawi A M. A note on an accelerating finite energy Airy beam [J]. Opt. Lett. , 2007, 32: 2447- 2249.

[43] Berry M V, Balazs N L. Nonspreading wave packets [J]. Am. J. Phys. , 1979, 47: 264-267.

[44] Dholakia K. Optics: Against the spread of the light [J]. Nature, 2008, 451: 413.

[45] Bandres M A, Gutiérrez-Vega J C. Airy-Gauss beams and their transformation by paraxial optical systems [J]. Opt. Express, 2007, 15: 16719-16728.

[46] Sztul H I, Alfano R R. The Poynting vector and angular momentum of Airy beams [J]. Opt. Express, 2008, 16: 9411-9416.

[47] Asorey M, Facchi P, Man'ko V I, et al. Generalized tomographic maps [J]. Phys. Rev. A. , 2008, 77: 042115.

[48] Gorbach A V, Skryabin D V. Soliton self-frequency shift, non-solitonic radiation and self-induced transparency in air-core fibers [J]. Opt. Express, 2008, 16: 4858-4865.

[49] Saari P. Laterally accelerating Airy pulses [J]. Opt. Express, 2008, 16: 10303-10308.

[50] Durnin J, Miceli J J, Eberly J H. Diffraction-free beams [J]. Phys. Rev. Lett. , 1987, 58: 1499-1501.

[51] McGloin D, Dholakia K. Bessel beams: diffraction in a new light [J]. Contemp. Phys. , 2005, 46: 15-28.

[52] MacDonald R P, Boothroyd S A, Okamoto T, et al. Interboard optical data distribution by Bessel beam shadowing [J]. Opt. Commun. , 1996, 122: 169-177.

[53] Bouchal Z, Wagner J, Chlup M. Self-reconstruction of a distorted

艾里光束的传播
特性研究

nondiffracting beam [J]. Opt. Commun. , 1998, 151: 207-211.

[54] Garces-Chavez V, McGloin D, Melville H, et al. Simultaneous mi-cromanipulation in multiple planes using a self-reconstructing light beam [J]. Nature, 2002, 419: 145-147.

[55] Stamnes J J, Sherman G C. Radiation of electromagnetic fields in u-niaxially anisotropic media [J]. J. Opt. Soc. Am. , 1976, 66: 780-788.

[56] Fleck J A, Feit Jr and M D. Beam propagation in uniaxial aniso-tropic media [J]. J. Opt. Soc. Am. , 1983, 73: 920-926.

[57] Ciattoni A, Crosignani B, Di Porto P. Paraxial vector theory of propagation in uniaxially anisotropic media [J]. J. Opt. Soc. Am. A, 2001, 18: 1656-1661.

[58] Yariv A, Yeh P. Optical Waves in Crystals [M]. New York: Wiley, 1984.

[59] Chen H C. Theory of Electromagnetic Waves [M]. New York: McGraw-Hill, 1983.

[60] Ciattoni A, Crosignani B, Di Porto P. Vectorial free-space optical propagation: a simple approach for generating all-order nonparaxial corrections [J]. Opt. Commun. , 2000, 177: 9-13.

[61] Ciattoni A, Crosignani B, Di Porto P. Energy exchange between the Cartesian components of a paraxial beam in a uniaxial crystal [J]. J. Opt. Soc. Am. A, 2002, 19: 1894-1900.

[62] Lax M, Luoisell W H, McKnight W B. From Maxwell to paraxial wave optics [J]. Phys. Rev. A, 1975, 11: 1365-1370.

[63] Ciattoni A, Cincotti G, Palma C. Ordinary and extraordinary bea-ms characterization in uniaxially anisotropic crystals [J]. Opt. Commun. , 2001, 195: 55-61.

[64] Ciattoni A, Cincotti G, Palma C. Paraxial propagation along the optical axis of a uniaxial medium [J]. Phys. Rev. E, 2002, 66: 036614.

[65] Broky J, Siviloglou G A, Dogariu A, et al. Self-healing properties

of optical Airy beams [J]. Opt. Express, 2008, 16: 12880-12891.

[66] Chen R, Ying C. Beam propagation factor of an Airy beam [J]. J. Opt. , 2011, 13: 085704.

[67] Chen R P, Zheng H P, Dai C Q. Wigner distribution function of an Airy beam [J]. J. Opt. Soc. Am. A, 2011, 28: 1307-1311.

[68] Kaganovsky Y, Heyman E. Wave analysis of Airy beams [J]. Opt. Express, 2010, 18: 8440-8452.

[69] Baumgartl J, Mazilu M, Dholakia K. Optically mediated particle clearing using Airy wavepackets [J]. Nat. Photonics, 2008, 2: 675-678.

[70] Ellenbogen T, Voloch-Bloch N, Ganany-Padowicz A, et al. Nonlinear generation and manipulation of Airy beams [J]. Nat. Photonics, 2009, 3: 395-398.

[71] Bandres M A, Gutiérrez-Vega J C. Airy-Gauss beams and their transformation by paraxial optical systems [J]. Opt. Express, 2007, 15: 16719-16728.

[72] Polynkin P, Kolesik M, Moloney J. Filamentation of femtosecond laser Airy beams in water [J]. Phys. Rev. Lett. , 2009, 103: 123902.

[73] Jia S, Lee J, Fleischer J W, et al. Diffusion-trapped Airy beams in photorefractive media [J]. Phys. Rev. Lett. , 2010, 104: 253904.

[74] Chen R, Yin C, Chu X, et al. Effect of Kerr nonlinearity on an Airy beam [J]. Phys. Rev. A, 2010, 82: 043832.

[75] Chu X. Evolution of an Airy beam in turbulence [J]. Opt. Lett. , 2011, 36: 2701-2703.

[76] Ciattoni A, Cincotti G, Palma C. Propagation of cylindrically symmetric fields in uniaxial crystals [J]. J. Opt. Soc. Am. A, 2002, 19: 792-796.

[77] Li J, Chen Y, Xin Y, et al. Propagation of higher-order cosh-Gaussian beams in uniaxial crystals orthogonal to the optical axis [J]. Eur. Phys. J. D, 2010, 57: 419-425.

艾里光束的传播
特性研究

[78] Ciattoni A, Palma C. Optical propagation in uniaxial crystals orthogonal to the optical axis: paraxial theory and beyond [J]. J. Opt. Soc. Am. A, 2003, 20: 2163-2171.

[79] Chen C G, Konkola P T, Ferrera J, et al. Analyses of vector Gaussian beam propagation and the validity of paraxial and spherical approximations [J]. J. Opt. Soc. Am. A, 2002, 19: 404-412.

[80] Gradshteyn I S, Ryzhik I M. Table of integrals, series, and products [M]. New York: Academic Press, 1980.

[81] Hodgson N, Weber H. Laser Resonators and Beam Propagation [M]. New York: Springer Press, 2005.

[82] Zhou G, Chen R, Chu X. Propagation of Airy beams in uniaxial crystals orthogonal to the optical axis [J]. Opt. Express, 2012, 20: 2196-2205.

[83] Efremidis N K. Airy trajectory engineering in dynamic linear index potentials [J]. Opt. Lett., 2011, 36: 3006-3008.

[84] Zhang Y, Belic M, Wu Z, et al. Soliton pair generation in the interactions of Airy and nonlinear accelerating beams [J]. Opt. Lett., 2013, 38: 4585-4588.

[85] Driben R, Hu Y, Chen Z, et al. Inversion and tight focusing of Airy pulses under the action of third-order dispersion [J]. Opt. Lett., 2013, 38: 2499-2501.

[86] Zhong W, Belic M, Zhang Y, et al. Accelerating Airy-Gauss-Kummer localized wave packets [J]. Ann. Phys., 2014, 340: 171-178.

[87] Besieris I, Shaarawi A. Accelerating Airy wave packets in the presence of quadratic and cubic dispersion [J]. Phys. Rev. E, 2008, 78: 046606.

[88] Driben R, Meier T. Regeneration of Airy pulses in fiber-optic links with dispersion management of the two leading dispersion terms of opposite signs [J]. Phys. Rev. A, 2014, 89: 043817.

[89] Wang S, Fan D, Bai X, et al. Propagation dynamics of Airy pulses

in optical fibers with periodic dispersion modulation [J]. Phys. Rev. A, 2014, 89: 023802.

[90] Zhou G, Chen R, Ru G. Propagation of an Airy beam in a strongly nonlocal nonlinear media [J]. Laser Phys. Lett. , 2014, 11: 105001.

[91] Liu W, Neshev D N, Shadrivov I V, et al. Plasmonic Airy beam manipulation in linear optical potentials [J]. Opt. Lett. , 2011, 36: 1164-1166.

[92] Ye Z, Liu S, Lou C, et al. Acceleration control of Airy beams with optically induced refractive-index gradient [J]. Opt. Lett. , 2011, 36: 3230-3232.

[93] Snyder A W, Mitchell D J. Accessible solitons [J]. Science, 1997, 276: 1538-1541.

[94] Ponomarenko S, Agrawal G. Dosolitonlike self-similar waves exist in nonlinear optical media? [J]. Phys. Rev. Lett. , 2007, 97: 013901.

[95] Zhong W, Yi L. Two-dimensional Laguerre-Gaussian soliton family in strongly nonlocal nonlinear media [J]. Phys. Rev. A, 2007, 75: 061801.

[96] Yang B, Zhong W. Self-similar Hermite-Gaussian spatial solitons in two-dimensional nonlocal nonlinear media [J]. Commun. Theor. Phys. , 2010, 53: 937-942.

[97] Agarwal G, Simon R. A simple realization of fractional Fourier transform and relation to harmonic oscillator Green's function [J]. Opt. Commun. , 1994, 110: 23-26.

[98] Bernardini C, Gori F, Santarsiero M. Converting states of a particle under uniform or elastic forces into free particle states [J]. Eur. J. Phys. , 1995, 16: 58-62.

[99] Zhang Y, Zheng H, Wu Z, et al. Fresnel diffraction patterns as accelerating beams [J]. Europhys. Lett. , 2013, 104: 34007.

[100] Zhang L, Liu K, Zhong H, et al. Effect of initial frequency chirp on Airy pulse propagation in an optical fiber [J]. Opt. Express,

2015, 23: 2566-2576.

[101] Hu Y, Zhang P, Lou C, et al. Optimal control of the ballistic motion of Airy beams [J]. Opt. Lett. , 2010, 35: 2260-2262.

[102] Driben R, Konotop V V, Meier T. Coupled Airy breathers [J]. Opt. Lett. , 2014, 39: 5523-5526.

[103] Tovar A A, Casperson L W. Production and propagation of Hermite-sinusoidal-Gaussian laser beams [J] . J. Opt. Soc. Am. A, 1998, 15: 2425-2432.

[104] Kravtsov Y A, Orlov Y I. Geometrical Optics of Inhomogeneous Medium [M]. Springer-Verlag, 1990.

[105] Kravtsov Y A. Geometrical Optics in Engineering Physics [M]. Alpha Science, 2004.

[106] Liberman V S, Ya B. Zel'dovich, Spin-orbit interaction of a photon in an inhomogeneous medium [J] . Phys. Rev. A, 1992, 46: 5199-5207.

[107] Bliokh K Yu, Freilikher V D. Topological spin transport of photons: Magnetic monopole gauge field in Maxwell's equations and polarization splitting of rays in periodically inhomogeneous media [J]. Phys. Rev. B, 2005, 72: 035108.

[108] Bliokh K Yu, Niv A, Kleiner V, et al. Geometrodynamics of spinning light [J]. Nature photonics, 2008, 2: 748-753 (2008) .

[109] Bliokh K Yu. Geometrodynamics of polarized light: Berry phase and spin Hall effect in a gradient-index medium [J]. J. Opt. A: Pure Appl. Opt. , 2009, 11: 094009.

[110] Onoda M, Murakami S, Nagaosa N. Hall effect of light [J]. Phys. Rev. Lett. , 2004, 93: 083901.

[111] Bliokh K Yu, Bliokh Yu P. Modified geometrical optics of a smoothly inhomogeneous isotropic medium: The anisotropy, Berry phase, and the optical Magnus effect [J]. Phys. Rev. E, 2004, 70: 026605.

[112] Bliokh K Yu, Bliokh Yu P. Conservation of angular momentum,

transverse shift, and spin hall effect in reflection and refraction of an electromagnetic wave packet [J]. Phys. Rev. Lett. , 2006, 96: 073903.

[113] Duval C, Horvath Z, Horvathy P A. Fermat principle for spinning light [J]. Phys. Rev. D, 2006, 74: 021701.

[114] Berard A, Mohrbach H. Spin Hall effect and Berry phase of spinning particles [J]. Phys. Lett. A, 2006, 352: 190-195.

[115] Gosselin P, Berard A, Mohrbach H. Spin Hall effect of photons in a static gravitational field [J]. Phys. Rev. D, 2007, 75: 084035.

[116] Bliokh K Yu, Frolov D Yu, Kravtsov Y A. Non-Abelian evolu-tion of electromagnetic waves in a weakly anisotropic inhomogeneous medium [J]. Phys. Rev. A, 2007, 75: 053821.

[117] Bliokh K Yu, Gorodetski Yu, Kleiner V, et al. Coriolis effect in optics: unified geometric phase and spin Ball effect [J]. Phys. Rev. Lett. , 2008, 101: 030404.

[118] Hosten O, Kwiat P. Observation of the spin hall effect of light via weak measurements [J]. Science, 2008, 319: 787-790.

[119] Luo H L, Wen S C, Shu W X, et al. Spin Hall effect of a light beam in left-handed materials [J]. Phys. Rev. A, 2009, 80: 043810.

[120] Bliokh K Yu, Desyatnikov A. Spin and orbital Hall effects for dif-fracting optical beams in gradient-index media [J]. Phys. Rev. A, 2009, 79: 011807.

[121] Haefner D, Sukhov S, Dogariu A. Spin Hall effect of light in spherical geometry [J]. Phys. Rev. Lett. , 2009, 102: 123903.

[122] Qin Y, Li Y, Feng X, et al. Spin Hall effect of reflected light at the air-uniaxial crystal interface [J]. Opt. Express, 2010, 18: 16832-16839.

[123] Shitrit N, Bretner I, Gorodetski Yu, et al. Optical spin hall effects in plasmonic chains [J]. Nano. Lett. , 2011, 11: 2038-2042.

[124] Ren J, Li Y, Lin Y, et al. Spin Hall effect of light reflected from a

艾里光束的传播
特性研究

magnetic thin film [J]. Appl. Phys. Lett. , 2012, 101: 171103.

[125] Ma C, Li H, Li X, et al. Spin Hall effect of fractional order radially polarized beam in its tight focusing [J]. Opt. Commun. , 2022, 520: 128548.

[126] Berry M V. Quantal phase factors accompanying adiabatic changes [J]. Proc. R. Soc. Lond. A, 1984, 392: 45-57.

[127] Markovski B, Vinitski S I. Topological phases in quantum theory [M]. Singapore: World Scientific Publishing, 1989.

[128] Li H, Bu Z, Luo Y, et al. The spin-orbit interaction and the spin-spin interaction of photons in an inhomogeneous medium [J]. Modern Physics Letters B, 2013, 27: 1350172.

[129] Klitzing K V, Dorda G, Pepper M. New method for high-accuracy determination of the fine-structure constant based on quantized Hall resistance [J]. Phys. Rev. Lett. , 1980, 45: 494-497.

[130] Tsui D C, Stormer H L, Gossard A C. Two-dimensional magneto-transport in the extreme quantum limit [J]. Phys. Rev. Lett. , 1982, 48: 1559-1562.

[131] Hirsch J E. Spin Hall effect [J]. Phys. Rev. Lett. , 1999, 83: 1834-1837.

[132] Shen S Q. Spin Hall effect and Berry phase in two-dimensinal electron gas [J]. Phys. Rev. B, 2004, 70: 081311.

[133] Raimondi R, Schwab P. Spin-Hall effect in a disordered two-dimensional electron system [J]. Phys. Rev. B, 2005, 71: 033311.

[134] Sheng L, Sheng D N, Ting C S. Spin-Hall effect in two-dimensional electron systems with Rashba spin-orbit coupling and disorder [J]. Phys. Rev. Lett. , 2004, 94: 016602.

[135] Zhang S F. Spin hall effect in the presence of spin diffusion [J]. Phys. Rev. Lett. , 2000, 85: 393-396.

[136] Zutic I, Fabian J, Sarma S D. Spintronics: fundamentals and applications [J]. Rev. Mod. Phys. , 2004, 76: 323-410.

[137] Sinova J, Culcer D, Niu Q, et al. Universal intrinsic spin Hall eff-

ect [J]. Phys. Rev. Lett. , 2004, 92: 126603.

[138] Hankiewicz E M, Molenkamp L W, Jungwirth T, et al. Manifestation of the spin Hall effect through charge-transport in the mesoscopic regime [J]. Phys. Rev. B, 2004, 70: 241301.

[139] Damker T, Bottger H, Bryksin V V. Spin Hall-effect in two-dimensional hopping systems [J]. Phys. Rev. B, 2004, 69: 205327.

[140] Bleibaum O, Wachsmuth S. Spin Hall effect in semiconductor heterostructures with cubic Rashba spin-orbit interaction [J]. Phys. Rev. B, 2006, 74: 195330.

[141] Maekawa S. Spin-dependent transport in magnetic nanostructures [J]. J. Magn. Magn. Mater. , 2004, 272-276: e1459-e1462.

[142] Wu C J, Zhang S C. Dynamic generation of spin-orbit coupling [J]. Phys. Rev. Lett. , 2004, 93: 036403.

[143] Murakami S, Nagaosa N, Zhang S C. Spin-Hall insulator [J]. Phys. Rev. Lett. , 2004, 93: 156804.

[144] Kou S P, Qi X L, Weng Z Y. Spin Hall effect in a doped Mott insulator [J]. Phys. Rev. Lett. , 2004, 72: 165114.

[145] Zhang S, Yang Z. Intrinsic spin and orbital angular momentum Hall effect [J]. Phys. Rev. Lett. , 2005, 94: 066602.

[146] Li Y, Tao R B. Current in a spin-orbit-coupling system [J]. Phys. Rev. B, 2007, 75: 075319.

[147] Werake L K, Ruzicka B A, Zhao H. Observation of intrinsic inverse spin Hall effect [J]. Phys. Rev. Lett. , 2011, 106: 107205.

[148] Zhang F C, Shen S Q. Theory of resonant spin Hall effect [J]. Int. J. Mod. Phys. B, 2008, 22: 94.

[149] Raichev O E. Intrinsic spin-Hall effect: topological transitions in two-dimensional systems [J]. Phys. Rev. Lett. , 2007, 99: 236804.

[150] Lucignano P, Raimondi R, Tagliacozzo A. Spin Hall effect in a two-dimensional electron gas in the presence of a magnetic field [J]. Phys. Rev. B, 2008, 78: 035336.

艾里光束的传播
特性研究

［151］ Duckheim M, Maslov D L, Loss D. Dynamic spin-Hall effect and driven spin helix for linear spin-orbit interactions ［J］. Phys. Rev. B, 2009, 80: 235327.

［152］ Silvestrov P G, Zyuzin V A, Mishchenko E G. Mesoscopic spin-Hall effect in 2D electron systems with smooth boundaries ［J］. Phys. Rev. Lett. , 2009, 102: 196802.

［153］ Kato Y K, Myers R C, Gossard A C, et al. Observation of the spin Hall effect in semiconductors ［J］. Science, 2004, 306: 1910-1913.

［154］ Hu L B, Gao J, Shen S Q. Coulomb interaction in the spin Hall effect ［J］. Phys. Rev. B, 2003, 68. 153303 (2003) .

［155］ Onoda M, Nagaosa N. Role of relaxation in the spin Hall effect ［J］. Phys. Rev. B, 2005, 72: 081301.

［156］ Bernevig B A, Zhang S C. Quantum spin Hall effect ［J］. Phys. Rev. Lett. , 2006, 96: 106802.

［157］ Reynoso A, Usaj G, Balseiro C A. Spin Hall effect in clean two-dimensional electron gases with Rashba spin-orbit coupling ［J］. Phys. Rev. B, 2006, 73: 115342.

［158］ Valenzuela S O, Tinkham M. Direct electronic measurement of the spin Hall effect ［J］. Nature, 2006, 442: 176-179.

［159］ Brusheim P, Xu H Q. Spin Hall effect and zitterbewegung in an electron waveguide ［J］. Phys. Rev. B, 2006, 74: 205307.

［160］ Chudnovsky E M. Theory of spin Hall effect: extension of the Drude model ［J］. Phys. Rev. Lett. , 2007, 99: 206601.

［161］ Manchon A, Zhang S. Theory of spin torque due to spin-orbit coupling ［J］. Phys. Rev. B, 2009, 79: 094422.

［162］ Hsu B C, Van Huele J S. Spin dynamics for wave packets in Rashba systems ［J］. Phys. Rev. B, 2009, 80: 235309.

［163］ Tao Y. Spin Hall effect associated with SU （2） gauge field ［J］. Eur. Phys. J. B, 2010, 73: 125-132.

［164］ Nagaosa N, Sinova J, Onoda S, et al. Anomalous Hall effect ［J］.

Rev. Mod. Phys. ，2010，82：1539-1592.

[165] Roy R. Topological phases and the quantum spin Hall effect in three dimensions [J]. Phys. Rev. B, 2009, 79：195322.

[166] Buhmann H. The quantum spin Hall effect [J]. J. Appl. Phys. ，2011，109：102409.

[167] Dyrdal A，Barnas J. Spin Hall effect in graphene due to random Rashba field [J]. Phys. Rev. B，2012，86：161401.

[168] 翟宏如. 自旋电子学 [M]. 北京：科学出版社，2013.

[169] 夏建白，葛惟昆，常凯. 半导体自旋电子学 [M]. 北京：科学出版社，2008.

[170] Berestetskii V B, Lifshitz E M, Pitaevskii L P. Quantum electrodynamics [M]. Singapore：Elsevier Pte Ltd ，2008.

[171] Onoda M，Murakami S，Nagaosa N. Hall effect of light [J]. Phys. Rev. Lett. ，2004，93：083901.

[172] Hosten O，Kwiat P. Observation of the spin Hall effect of light via weak measurements [J]. Science，2008，319：787-790.

[173] Imbert C. Calculation and experimental proof of the transverse shift induced by total internal reflection of a circularly polarized light beam [J]. Phys, Rev. D, 1972, 5：787-796.

[174] Markovski B，Vinitski S I. Topological phases in quantum theory [M]. Singapore：World Scientific Publishing，1989.

[175] Bohm A，Mostafazadeh A，Koizumi H，et al. The geometrical phase in quantum systems：foundations，mathematical concepts，and applications in molecular and condensed matter physics [M]. Springer-Verlag，2003.

[176] Chruscinski D，Jamiolkowski A. Geometrical phases in classical and quantum mechanics [M]. Birkhäuser, 2004.

[177] 倪光炯，陈苏卿. 高等量子力学 [M]. 上海：复旦大学出版社，2000.

[178] Chiao R Y，Wu Y S. Manifestations of Berry's topological phase for the photon [J]. Phys. Rev. Lett. ，1986，57：933-936.

艾里光束的传播
特性研究

[179] Tomita A, Chiao R Y. Observation of Berry's topological phase by use of an optical fiber [J]. Phys. Rev. Lett. , 1986, 57: 937-940.

[180] Berczynski P, Kravtsov Y A. Theory for Gaussian beam diffrac-tion in 2D inhomogeneous medium, based on the eikonal form of complex geometrical optics [J]. Phys. Lett. A, 2004, 331: 265-268.

[181] Kravtsov Yu A, Berczynski P. Gaussian beams in inhomogeneous media: A review [J]. Stud. Geophys. Geod. , 2007, 51: 1-36.

[182] Kravtsov Yu A, Berczynski P, Bieg B. Gaussian beam diffraction in weakly anisotropic inhomogeneous media [J]. Phys. Lett. A, 2009, 373: 2979-2983.

[183] Cao L G, Zheng Y J, Hu W, et al. Long-range interactions be-tween nematicons [J]. Chin. Phys. Lett. , 2009, 26 (6): 064209.

[184] Bliokh K Yu, Bliokh Yu P. Modified geometrical optics of a smoothly inhomogeneous isotropic medium: the anisotropy, Berry phase, and the optical Magnus effect [J]. Phys. Rev. E, 2004, 70: 026605.

[185] Duval C, Horváth Z, Horváthy P A. Fermat principle for spin-ning light [J]. Phys. Rev. D, 2006, 74: 021701 (R) .

[186] Bliokh K Y. Geometrical optics of beams with vortices: Berry phase and orbital angular momentum Hall effect [J]. Phys Rev Lett. , 2006, 97: 043901.

[187] Tovar A A, Casperson L W. Production and propagation of Her-mite-sinusoidal-Gaussian laser beams [J]. J. Opt. Soc. Am. A, 1998, 15: 2425-2432.

[188] Abdulkareem S, Kundikova N. Joint effect of polarization and the propagation path of a light beam on its intrinsic structure [J]. Opt Express, 2016, 24: 19157.

[189] Allen L, Lembessis V E, Babiker M. Spin-orbit coupling in free-space Laguerre-Gaussian light beams [J]. Phys. Rev. A, 1996, 53: 2937-2939.

[190] Ye Z, Liu S, Lou C, et al. Acceler-ation control of airy beams with optically induced refractive-index gradient [J]. Opt. Lett., 2011, 36: 3230.

[191] Li H, Ji P. The propagation of a polarized Gaussian beam in a smoothly inhomogeneous isotropic medium [J]. Opt. Commun., 2012, 285: 5113-5117.

[192] Bekenstein R, Segev M. Self-accelerating optical beams in highly non-local nonlinear media [J]. Opt. Express, 2011, 19: 23706-23715.

[193] Zhang Y, BelicM, Zheng H, et al. Interactions of Airy beams, nonlinear accelerating beams, and induced solitons in Kerr and saturable nonlinear media [J]. Opt. Express, 2014, 22: 7160-7171.

[194] Besieris I M, Shaarawi A M. A note on an accelerating finite energy Airy beam [J]. Opt. Lett., 2007, 32: 2447-2449.

艾里光束的传播
特性研究